用创意征服孩子们的心!

有故事的儿童餐

古露露 著

青岛出版社
QINGDAO PUBLISHING HOUSE

图书在版编目（CIP）数据

有故事的儿童餐 / 古露露著. —— 青岛 : 青岛出版社, 2017.1
ISBN 978-7-5552-4744-9

Ⅰ.①有… Ⅱ.①古… Ⅲ.①儿童食品—食谱 Ⅳ.①TS972.162

中国版本图书馆CIP数据核字(2016)第271457号

书　　名	有故事的儿童餐
作　　者	古露露
出版发行	青岛出版社
社　　址	青岛市海尔路182号（266061）
本社网址	http://www.qdpub.com
邮购电话	13335059110　0532-68068026
策划编辑	贺　林
责任编辑	逄　丹
校　　对	李靖慧
设计制作	潘　婷
印　　刷	青岛双星华信印刷有限公司
出版日期	2017年2月第1版　2019年4月第5次印刷
开　　本	16开（710mm×1010mm）
印　　张	16
字　　数	120千
图　　数	1665幅
书　　号	ISBN 978-7-5552-4744-9
定　　价	39.80元

编校印装质量、盗版监督服务电话：4006532017　0532-68068638
建议陈列类别：美食类　生活类

目 录

第一部分 Part 1
超人气小人物！
人物造型便当

第二部分 Part 2
生活中找灵感！
创意造型便当

第三部分 Part 3
创造属于自己的动物园！
动物造型便当

第四部分 Part 4
迎接特别的日子！
节庆造型便当

大家好，我是古露露～

感谢你正在看我的书
很开心～♪

希望这本书的内容
你会喜欢。

其实会出这本便当书还蛮意外的，
刚开始只想多练习料理（觉得会做菜很贤惠），
再加上喜欢把料理弄得可爱一点，
所以研究起日本盛行的造型便当，
在网络上分享小小成果，结果就获得了出版社的青睐，
于是这本书就这样诞生了。再次感谢美丽的总编大人，
还有协助我完成内容的所有出版社成员和支持我的亲友。

正妹总编

可爱的编辑圈圈

大眼美女

索性画成甜甜圈台

cute !!

曾将我造型便当带到公司
的朋友HOKI

越来越进步了，
我吃东西不挑的

到底有没有进步？

出版社成员+
支持我的读者们

谢谢！

会帮我吃完菜的捧场哥哥
尤其甜点

书店有不少造型便当书，但大部分都是日文书，中文的很少，
没接触过的人或许会认为"做这种便当会很花时间吧？"
但了解之后会发现，除非是复杂的造型，前置作业比较费时，
有些步骤可以事先准备，制作便当时就能省下时间。

造型便当完成后会非常有成就感哦，
可爱的东西人人爱，更不用说是小朋友，
还能把小朋友不敢吃的菜，无形中藏于便当中。

带
我
走

这本书介绍的配菜以一个人吃的量为主，很适合装进便当，
烹煮器具不需要太大，装起来差不多刚好就行，
（食材少锅子大并不会煮得快），也因为分量少，
调味料用量不多，有些只需一小撮就够，
烹煮的水量跟时间也会影响味道和浓度，
可以在煮的时候一边试味道、一边调整。（咦?）
另外，我尽量将食材做不同的搭配，
才不会煮一次就不晓得该做什么 =.=
特别说明一下，此书使用的食材皆不含鱼、肉、蛋跟五辛，
无论是考虑健康因素还是会过敏的人都很适合，
牛奶也可自行用水或豆奶替代。

很好很好，
慢慢开始煮出味道了

焦焦

······

纸张竟然冒火~

帮吹熄

淡定哥哥

啊!!

呼

真的烧起来了······

除了便当与餐盘上的造型餐之外，
此书还附录了12种简单易做的甜点料理，
使用烤箱需注意安全，可别像我一样，
不小心让烘焙纸碰到加热管，结果烧起来了······

其他还有辣椒辣到手，结果手疼了六个小时，
相机差点扑向烟火（煮菜兼拍照好辛苦），
幸好最后平安无事地完成了这本书（好像也没这么严重），
总之这本书付出了我所有心血，
希望呈现的内容能帮助到购买此书的你，那我的辛苦就有价值了。
做料理是很开心的一件事，
心情愉快做出来的便当最美味，家人满足的表情是最棒的鼓励，
希望大家每一道造型餐都能够成功，开始动手料理吧！

嗯

不是这样吧

天天煮泡面~
轻松愉快最重要嘛 ♥

古露露

{基本小工具}

➡️便当盒

便当盒的种类五花八门，有不锈钢、塑料、木制、陶瓷等材质，建议选择便当时先想好便当要冷食还是热食，材质是否耐热及安全，再来考虑所需要的样式以及搭配造型的颜色。盛装的容器会改变便当风格，挑选便当盒也是一种乐趣。

➡️隔菜板

配菜之间使用隔菜板，既不必担心配菜混淆，还能丰富整个便当的配色，使便当看起来更美味可口！若没有隔菜板，也可以用柠檬片、芝麻叶、生菜、莴苣等食材来作区隔。

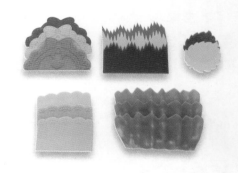

➡️小砧板、小刀、剪刀

这三样工具都是做造型的好帮手。因为制作的便当多是个人便当（少量食材），所以非常适合在小砧板上进行切蔬菜、剪海苔等操作。若想制作细小的海苔配件，使用小剪刀会更顺手。

📍 造型叉

型叉是让普通蔬菜马上变身的小道具！装饰效果极佳，便当分量多的话还能方便大家分食，如果带的是会滚动的食物，用叉子吃也非常方便。

市售的造型叉种类很多，除了卡通造型外，个人觉得最好用的是爱心和叶片造型，爱心可当鸡冠或头发装饰，叶片跟水果原本就可搭配在一起。善加利用造型叉，绝对能为你的便当大大加分！

📍 便当装饰

与造型叉有异曲同工之妙的便当装饰品，也可以说是不同造型的隔菜版，但它不能在烤箱中使用，购买时要特别注意耐热温度。

📍 配菜杯

选择耐热材质就不必担心加热问题。配菜杯除了用来盛装配菜、避免汤汁混淆外，也适合拿来装造型饭团。如此一来就不用担心饭粒粘手的问题，能更加安心地调整饭团在便当盒里的位置。

📍 造型刀

有直线形、半圆形、L形等，做细小部位或特殊形状时可使用。

饭团模型

捏饭团的方法有很多种，包括双手沾少许水及盐，将米饭在手中滚动揉出形状，或是用保鲜膜把饭包起来捏制。除了以上两种方法外，也可以使用饭团模型来制作。使用饭团工具既方便又卫生，圆形跟三角形都属于基本款，所捏制出的饭团大小适中，能轻易装入便当盒内。

海苔压模（打洞器）

在不需要特殊造型的情况下，海苔压模非常方便。利用压模上面的图形，可以做出多种可爱表情。（例如圆形再自行对剪成两半，就变成了耳朵或笑开的嘴巴。）建议选择锐利一点的海苔压模，才可以事半功倍。

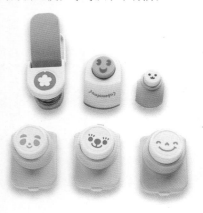

造型压模

造型压模是让便当变可爱的必备工具（点心烘焙也用得到）！压模可以应用在奶酪片或各种蔬菜水果上，只要是有办法压出形状的材料都可以使用。

基本的圆形在做造型饭团时很常用，星星、爱心这些简单的形状也超级百搭，可以用来作为便当背景。如果想用这些图形做出海苔片，可以先用笔把压模轮廓描画在烘焙纸上，再将图案剪下来当样板使用。

吸管

吸管可代替圆形压模，尺寸齐全、便宜又容易入手。如果觉得吸管太长不好用，可以将吸管剪成小段以方便操作，一根可分多次使用，脏了就直接丢弃。

➡️计时器

计时器专门用来计算烹调所花费的时间。简单的快炒用 2 ～ 3 分钟，若是需要花较多时间烹调的料理，使用计时器可以更准确地掌握时间。

➡️牙签、牙线棒

牙签和牙线棒是切割奶酪片的必备工具。用拿笔的姿势轻轻地在奶酪片上划出痕迹，就能将奶酪片裁下来。裁切（冰过的奶酪片）时出现很多碎屑时，改用牙线棒的尖端（弯曲型），就可以轻松切奶酪片。

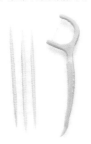

➡️刷子

刷子在做甜点或烹调料理时都用得上。用刷子为造型饭团上色相当方便，只需蘸少量酱汁来回刷在饭团上就能够染色，并控制颜色的深浅。

➡️酱汁瓶

配菜需要酱汁调味时，就把酱汁装进酱汁瓶中吧！因为事先淋上的酱汁可能会在加热过程中变质或产生不好的气味，所以酱汁最好在用餐的时候再淋上。把酱汁用瓶子装起来不但不会粘得满手都是，还非常方便携带。

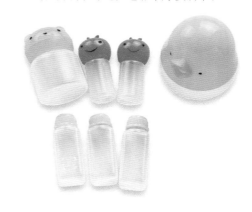

➡️保冷剂

夏天温度高，做的便当容易因为高温变质，这时候保冷剂就非常重要！把保冷剂与便当一起装在保冷袋中，就能让饭菜保持新鲜，延缓变质速度。保冷剂有蝴蝶结等各种可爱造型，平价百货商店就能买到。

➡️磅秤

磅秤是备料的好帮手，目测拿不准时就用磅秤吧。

➡️量杯、量匙

量杯、量匙用来测量高汤、盐、糖等各种调味料的分量。

1 大匙＝ 15 克 (g)

1 小匙＝ 5 克 (g)

1/2 小匙＝ 2.5 克 (g)

1/4 小匙＝ 1.25 克 (g)

液体 1 杯＝ 200 克 (g)

砂糖 1 杯＝ 120 克 (g)

粉类 1 杯＝ 100 克 (g)

➡️镊子

细小配件用手不好拿起，但用镊子夹起就变得非常轻松，镊子是绝对要准备的工具！购买时建议选择前端圆润、造型专用的镊子比较安全。小朋友若想参与便当制作，可拿较省力的塑料镊子使用。

➡️保鲜膜

保鲜膜用来让饭团成型，避免双手粘上米饭，方便又卫生。

➡️烘焙纸

制作烤箱料理时使用，将烘焙纸铺在烤盘上，再放入要烘焙的点心，可避免小点心粘在烤盘上。

{缩短制作时间的小诀窍}

常用的配件如果可以事先准备好，就能有效地缩短制作便当的时间。即使是早上才开始制作便当，也不用太慌张！以下提供一些缩短时间的小方法，供大家参考：

提前构思内容

事先想好便当造型和菜品、整体颜色搭配及配菜口味，并备好材料。这样制作便当时就不用再花心思构想，可以更专心地快速完成便当。

整齐的收纳工具

把常用到的工具用收纳盒整齐地收纳好，制作便当时就不会手忙脚乱、找不到工具。其他不常使用的工具，放在工具箱里收好就可以了。

备好基本海苔配件

海苔配件的制作，有时比捏饭团还花时间。一些常用的配件（如五官），可以事先准备好，放入密封容器里。但一定要记得放入干燥剂一起保存，以免海苔受潮变软。

事先压出造型蔬菜

装饰菜品或制作背景时，经常会使用到造型蔬菜。此时，可先将蔬菜压出造型，放入密封袋中，置于冰箱保存。当然，这些蔬菜必须尽快食用完毕，以免变质。

炸好意大利面条

常被用来连接饭团的意大利面条，可事先炸好保存。料理后剩余的油刚好可以用来炸意大利面。把干燥的意大利面条折成小段，放入油锅炸，炸好后放入密封容器中保存备用即可。

｛造型的基本功｝

饭团放入便当盒中与贴上五官的操作先后顺序均可，只要不影响成品，一切以方便为主。

造型饭团这样做

捏制饭团

米饭需先降温再用保鲜膜包紧。用保鲜膜既方便、不粘手又卫生（也可直接用手沾水捏制）。

移动饭团

把饭团放入配菜杯中，不但方便移动位置，且不粘手又卫生。

制作配件

可以用海苔压模做出五官，或用小剪刀剪出。

固定配件

利用沙拉酱或番茄酱的黏性，将材料固定在饭团上。但若米饭本身有黏性，材料不一定要沾沙拉酱固定，除非米饭变干。

活用镊子

使用镊子粘贴配件，可以更精准地掌控位置。通常从饭团中间开始粘贴五官，对照位置时才不容易出错。

连接饭团

将意大利面条插入食材中，来连接食材。有些食材可以直接插入，以方便连接。

小贴士
Tips

连接食材时，若遇到无法插入面条的食材，可将面条插在别的地方当支架，将食材立起。

便当配置的秘诀

 ：饭团　 ：配菜　 ：蔬果

圆形便当盒

🍙：把饭团放在便当盒的边缘，若便当盒大一点也可置于中间。

🧠：一般会将配菜围绕在饭团周围放置，只要集中在同一个方向就行了。

🍎：为避免空隙造成食材移位，可用小番茄、胡萝卜、葡萄等体积较小的蔬果填补空隙。

双层便当盒

🍙：双层便当盒容量较大，若是放了一个饭团还有空位，就再多做几个放进去。

🧠：因为饭跟菜分开放，所以不需要考虑饭团的位置，也不必担心放置时会碰坏造型，可以安心地将配菜直接装进去。

🍎：利用西蓝花、番茄等体积较小的蔬果来填补空隙。

方形便当盒

🍙：建议事先构思好配菜与饭团的位置，制作时再进行微调。

🧠：体积较大的配菜先装入。若担心配菜味道混在一起，可在配菜之间加上隔菜板区隔（有汤汁的配菜，可以放入耐热杯中）。

🍎：便当盒中的空隙可能会让食物和造型移位，这时可用小番茄、玉米笋、西蓝花、秋葵等体积较小的蔬果填补空隙。

{ 必须注意的事项 }

饭团尺寸

饭团大小需符合便当盒容量。饭团捏好、造型前建议先试着摆放在便当中比对尺寸，也别忘了留意便当盒盖的高度，才不会导致辛苦捏好的饭团放不下。

挑选适当菜品

便当中的饭菜比例，可依食用者的喜好作调整，需加热食用的便当要注意叶菜类变黄的问题，还要尽量避免油炸食物（可改用煎的方法），若配菜有汤汁，记得将汤汁收干。

便当的新鲜度

饭菜放凉后再装进便当中，才不会因闷热而腐坏（若马上吃则不在此限）。随着环境温度的变化，饭菜会有不同的保存方式，但还是尽快食用完毕比较健康、美味。

内容物的耐热度

便当做完趁早食用是最好的，但如果是使用前一晚的剩菜，便当就需要充分加热。若便当需要加热，须特别注意奶酪片等遇热会融化的食材，虽然不至于破坏整个造型，但介意的话仍可自行更换材料。

便当盒与装饰物的耐热温度也需特别留意。若便当中有水果等不适合加热的食物，记得先拿出来再进行加热。

轻松愉快的心情

刚开始做造型儿童餐不用太过紧张、要求完美，尽量保持轻松愉快的心情，当作是在做手工就好啦！只要事先构思好造型，提前做好备料，就能省下时间，让你在动手时不慌忙，从容地做出超可爱的爱心儿童餐。

{为饭团上色}

用不同的天然食材给米饭染色，就能很简单地完成可爱的彩色饭团。食材的用量会影响颜色深浅，如果想染出均匀的可爱色彩，一定要慢慢拌入食材来调整颜色才会成功。

可以用来染色的食材有很多，包括以下示范的黑芝麻粉、番茄酱、甜菜根汤、红凤菜汤、姜黄粉、海苔粉、酱油，还有蝶豆花（蓝色）、素肉松、海苔酱等。参考图示染出来的效果，染出自己的彩色饭团吧！

白：米饭

黑：黑芝麻粉

红：番茄酱

紫红：甜菜根汤

紫：红凤菜汤

黄：姜黄粉

绿：海苔粉

咖啡：酱油

Tips

除了将食材与米饭混合进行染色，还可以利用刷子来上色，这种上色方法很适合用在形状复杂的造型上。

｛变出超可爱表情｝

可爱的海苔五官绝对是造型便当不可或缺的搭档！看起来简单的五官，其实有上百种的变化。如果觉得自己的双手不够灵巧，也可以使用海苔压模辅助制作海苔五官，真的非常方便！

就算购买的海苔压模不多，也可以加以修剪利用，变化出数十种表情。（例如将圆形再对剪成两半，就变成了耳朵或笑开的嘴巴。）以下就为大家示范海苔压模的表情造型。参考变化的方法，你也可以创造出多种属于自己的表情。

◆ 组合一

压模 A

压模 B

压模 C

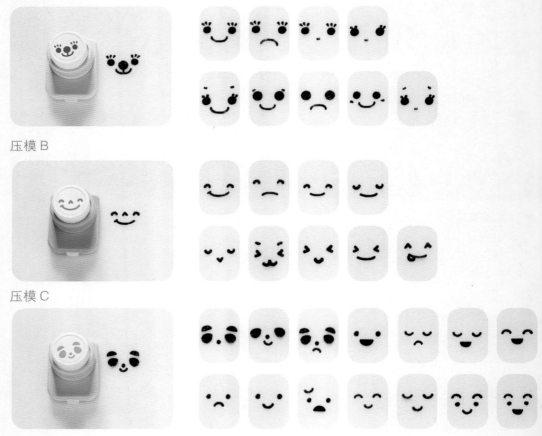

压模 A+C

压模 A+B

压模 B+C

压模 A+B+C

 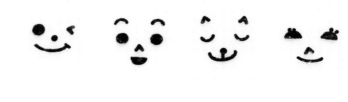

基本奶油白酱

🕐 约10分钟　😊 约2碗

材料

奶油块……………………30 克

高筋面粉…………………30 克

牛奶或水…………………350 克

盐……………………………1/2 小匙

> 听起来很难的白酱，怎么变得这么简单？跟着图片做，你也可以做出味道超级百搭的奶油白酱，为你的创意料理加分！

1. 奶油放进热锅中融化。

2. 慢慢倒入面粉，边倒边搅拌，并注意调整浓度，不要一下子加太多。

3. 面粉拌匀后倒入牛奶继续搅拌，煮滚后转小火，加盐调味即可。

Tips

· 水越少，做出来的白酱越浓稠，可自行决定水量。

· 奶油白酱降温后会变浓稠，加热后即能恢复原来的浓稠度。

· 用不完的白酱可先放进冰箱保存,要使用时再加热或加点水稀释即可使用（慢慢加入水来调整浓度）。

免揉面包

🕐 约25分钟 😊 约3个

材料

高筋面粉·················250克

牛奶·····················200克

快发酵母·················1 小匙

糖·······················40克

盐·····················1/4 小匙

> 面包很好吃，可是想到揉面的过程就觉得头大。所以，对时间跟力气不够的人来说免揉面包真是太方便了，而且它只要放在冰箱中就可以发酵了！想吃面包又不想揉面的人，一定要试试！

1. 面粉过筛后放入盆中，加糖、盐。

2. 酵母事先溶在牛奶中，再将牛奶倒进盆中搅拌均匀。

3. 将做法 2 中的面糊置于冰箱 2 小时以上。

4. 取出面团整型（制作时可在手上撒些面粉防粘连）。

5. 做好的面团送入预热好的烤箱，以180℃烤约25分钟。

Tips

· 做法 2 中的面糊也可以隔天再从冰箱取出使用。

· 这个食谱是无蛋配方，且牛奶也可用水或豆奶取代，食材不同会影响成品香气。

· 水量越多面包越柔软。建议先试着做一次，再慢慢调整到自己喜欢的口感。

· 每台烤箱功率不同，时间与温度仅供参考。

Part 1

超人气小人物！

人物造型便当

严肃的老爸、青春洋溢的学生、

开朗的外国人、热情的双胞胎粉丝、

爱唱歌的音符小妹都变成小人物，

走进便当里啦！

打开便当，让小人物给孩子最温暖的问候。

卷卷头炒面

长长的面条拿来当娃娃的头发造型刚刚好！搭配咸香开胃的香椿沙茶酱做成的炒面，配上可爱的蔬菜造型，缤纷的模样，即使再挑食的孩子也会吃下肚吧？

造型

材料

米饭

海苔

胡萝卜

青豆仁

番茄酱

1. 米饭冷却后放在保鲜膜上，包起捏成圆形。

这样卷卷头是有个样子了呢？

2. 决定好便当中的米饭位置，将米饭及炒面装进去。

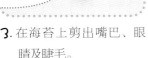
长发代表她是女生，就再加2根睫毛吧！

3. 在海苔上剪出嘴巴、眼睛及睫毛。

4. 五官贴于米饭上，点上番茄酱腮红，最后用模型压好的胡萝卜片及青豆仁点缀装饰，好吃又可爱的炒面娃娃就完成了。

配菜

双菇炒面

⏱ 约10分钟 1人份

材料
熟油面160克（若用干油面则约80克），小香菇7朵，雪白菇30克

调味料
香椿酱1小匙，素沙茶1小匙，水200克，盐1/4小匙，酱油1/4小匙，白胡椒粉少许

做法

1. 香菇泡软后用手撕碎；雪白菇洗好，切段。（若想加其他蔬菜也一起准备好；若用干油面需事先煮过。）

2. 热锅，食材各自炒好后起锅。（将食材分开炒，香味较明显。）

3. 原锅放入白胡椒粉以外的调味料，拌匀，下油面略炒后，加入做法2中的食材继续翻炒，起锅前撒些白胡椒粉即成。

音符女孩

直接用奶酪片完成小女孩造型，米饭刷上淡淡的粉色汤汁，加上鲜红的彩椒音符装饰，充满旋律的便当让心情也跟着起舞。

造型

材料

米饭	奶酪片
甜菜根汤汁	红色彩椒
胡萝卜片	沙拉酱
海苔	

哎呀，只剩心形烘焙纸……没关系，看得清楚就好。

1. 将放凉的米饭置于保鲜膜上并包起，放进便当盒中调整形状。

2. 烘焙纸上画出女孩图案，并用剪刀剪下；用吸管在胡萝卜片上压出圆片。

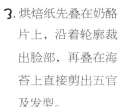

3. 烘焙纸先叠在奶酪片上，沿着轮廓裁出脸部，再叠在海苔上直接剪出五官及发型。

4. 塑好型的米饭取下保鲜膜，放进便当盒中，染一些甜菜根汤汁。

5. 把做法3中的奶酪片放在米饭正中间，海苔配件及胡萝卜片沾些沙拉酱贴在奶酪片上；彩椒用模型压出音符造型，放在米饭上，装进配菜就完成了。

Tips 做法4也可省略。

 配菜

白酱西蓝花
⏰ 约3分钟　👧 1人份

材料
西蓝花40克，
基本白酱2大匙，
（基本白酱做法可参考p.20）

做法

1. 煮一锅滚水将西蓝花烫熟（约2分钟），捞起，备用。

2. 热锅，锅中倒入基本白酱，再加水稀释煮开，淋在西蓝花上。

糖醋杏鲍菇
⏰ 约5分钟　👧 1人份

材料
杏鲍菇1个，
地瓜粉适量

调味料
白醋1大匙，水2大匙，
糖1大匙，盐1/4小匙，
番茄酱1大匙

做法

1. 杏鲍菇切滚刀块，蘸上地瓜粉，下油锅炸一下，捞起，沥油。

2. 调味料调匀成酱汁，倒进锅中煮开，再将杏鲍菇下锅煮至上色即可。

红发女孩

只要削出几条胡萝卜丝，盖上粉红饭团就完成了一顶新潮的帽子，轻轻松松就完成了新造型，将红发女孩收录在食谱中吧！

造型

材料

米饭

甜菜根汤汁

海苔

胡萝卜

番茄酱

沙拉酱

1. 用甜菜根的汤汁染红米饭。

2. 米饭捏成圆球状；甜菜根饭捏成长条状。

3. 胡萝卜煮熟并刨成丝，沾少许沙拉酱，贴在米饭表面当娃娃的头发。

4. 将做法 2 中的甜菜根饭包在胡萝卜头发外围，并利用保鲜膜稍微包紧固定，再将整个饭团置于配菜杯中。

5. 在海苔上剪出眼睛及嘴巴。

6. 五官沾少许沙拉酱，贴于做法 4 中的饭团上，再点上番茄酱腮红即成。

配菜

地瓜煎饼

约 3 分钟　1 人份

材料
地瓜 1/2 个，地瓜粉 1 大匙

做法

1. 地瓜切块，蒸软后压成泥（若觉得不够甜，可加入适量糖），加地瓜粉搅拌均匀，先揉成长条状，再等量分割并压成圆饼。

2. 地瓜饼下油锅煎至微焦就可以了。

芋头炒毛豆

约 5 分钟　1 人份

材料
胡萝卜 20 克，
芋头 40 克，毛豆 20 克

调味料
素蚝油 1 小匙

做法

1. 将芋头、胡萝卜切成类似毛豆大小的丁；焯烫毛豆和胡萝卜，捞起，沥干，备用。

2. 芋头炒到微焦，再将毛豆和胡萝卜下锅略炒，加调味料、适量水，炒至收汁。

海苔能扮演非常重要的角色！各种造型都能靠它来完成，像这款忍者饭团，仅仅包上海苔片，就有忍者头套的效果，表情当然也可以自行变换，很好玩，一定要试试看！

造型

材料

米饭

海苔

番茄酱

沙拉酱

胡萝卜

1. 米饭捏成圆球饭团。

2. 准备 3 片长方形海苔（必须是能包住饭团外围的尺寸）；将较宽的海苔横贴于脸部下方。

3. 拿起较细长的海苔，横贴于头顶。

4. 剩余的一片横贴在额头部位。

5. 忍者只需露出眼睛跟眉毛，所以只需用海苔剪出这两样配件。

6. 眼睛与眉毛沾少许沙拉酱，贴在饭团上。

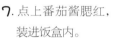

7. 点上番茄酱腮红，装进饭盒内。

8. 胡萝卜切成圆形薄片，以制作装饰用小飞镖。

9. 依照图片，将胡萝卜边缘切下 4 个角，完成简单的飞镖造型。

10. 把飞镖与配菜一同放进饭盒中即完成。

配菜

茄汁莲藕

🕐 约 3 分钟　😀 1 人份

材料
莲藕 50 克，姜 3 ~ 4 片

调味料
番茄酱 1 大匙，盐 1/4 小匙，糖 1 小匙

做法

1. 先爆香姜片，再放入莲藕炒，若太干就加点水。

2. 番茄酱加糖、盐混合成酱汁，加入酱汁一起翻炒均匀即可。

温馨小家庭

一个人物太单调？那来做个温馨的小家庭便当！简单捏出3颗圆球饭团，再制作出不同的表情，最后利用造型叉和腮红来区别每个角色，轻松又方便地创造出幸福小家庭。

造型

材料

米饭

海苔

番茄酱

沙拉酱

1. 取适量米饭捏成圆球；比对第一个饭团的大小，再捏出2个饭团。（因为要准备3颗，所以单球分量不需太多。）

2. 先在纸上画出喜欢的五官（最上面是基本型，下面为变化的表情）。

3. 用现成压模工具做出海苔五官（直接用剪刀剪下来也可以）。

4. 在烘焙纸上画好发型并剪下，头顶剪出一缺口让海苔放在饭团上时更服帖。

5. 把做法4中的烘焙纸叠在海苔上，用剪刀沿着轮廓剪下发型。

6. 做法5中的海苔发型分别贴在3颗饭团上，包上保鲜膜让它更服帖。

7. 拆开保鲜膜，将3个饭团分别放入配菜杯中。

8. 海苔五官沾少许沙拉酱，依序贴在饭团上。

9. 将造型饭团装进饭盒里。

10. 放入配菜，最后在小孩脸上沾一点点番茄酱当腮红就完成了。

配菜

{ **酸菜炒菇** }
 约3分钟   1人份

材料
酸菜40克，袖珍菇40克

调味料
盐少许

做法

1. 大一点的袖珍菇用手撕开；酸菜切块，备用。

2. 袖珍菇及酸菜放入锅中炒，加入一点盐调味即可起锅。

小男孩与玩具汽车

把小男孩最喜爱的玩具车装进便当中，打开便当盖会发现……获得一样新玩具！开着车子在绿色星空中遨游，尽情发挥想象力。

造型

材料

米饭

酱油

奶酪片

海苔

沙拉酱

1. 部分米饭混入适量酱油染色。

2. 米饭与酱油饭分别置于一张保鲜膜上包起，捏成 2 个圆形饭团。

3. 在海苔上剪出玩具汽车的窗户与轮胎各 2 片。

4. 窗户与轮胎贴在奶酪片上方，再用牙签裁出汽车轮廓。

5. 将裁好的汽车取出备用，接着准备制作小男孩。

大片头发别忘了修剪出刘海。

6. 先折叠海苔，剪出眼睛和眉毛，再剪出大片头发及圆弧形的嘴巴。

7. 汽车图案贴在米饭团上；小男孩头发及五官沾些沙拉酱，贴于酱油饭团上。

8. 在汽车饭团边缘多绕一片海苔，以增添丰富感。

9. 拿出便当盒，决定好饭团位置后，将饭团放入便当中。

10. 放进配菜即完成。

{ 山药炒玉米笋 }
约3分钟　1人份

材料
山药 60 克，
玉米笋 3 条，
胡萝卜 30 克，

调味料
盐 1/4 小匙，
香菇粉少许

做法

1. 山药去皮，切丁；玉米笋、胡萝卜切丁；煮一锅滚水将上述食材烫过。

2. 热锅，先炒胡萝卜，再放入山药及玉米笋，加点水、盐和香菇粉炒匀即可。

{ 炸四季豆 }
约3分钟　1人份

材料
四季豆 50 克

面糊材料
低筋面粉 60 克，
地瓜粉 10 克，冰水 30 克，
色拉油 10 克，盐 1/2 小匙

做法

1. 四季豆去除两侧粗纤维，均匀搓上盐，静置 10 分钟后用水冲洗；面糊材料混合在一起。

2. 四季豆整根裹上面糊，放入热好的油锅中炸酥就完成了。

36

丸子头妹妹

两颗圆球叠在一起会变成什么？答案是大个丸子头！用最简单的圆形饭团，加海苔片就可以完成可爱的丸子头妹妹喽！

造型

材料

米饭
酱油
胡萝卜
海苔
沙拉酱

1. 米饭拌些许酱油染色。

2. 酱油饭用保鲜膜包住，捏成球状当作头部。

3. 再捏一颗小球，作为妹妹的丸子头。

4. 在海苔上剪出五官；用吸管在胡萝卜片上压出小圆片腮红。另外在海苔上剪出2片刘海及丸子头用的大片海苔；胡萝卜片剪成细长条当作发饰。

5. 先组合头发。2片刘海交错贴于头部饭团上，另一片整个包住小饭团做成丸子头。

6. 确认饭团在饭盒中的位置后，将饭团放入。

不同位置会有不一样的感觉，边粘边调整到自己喜欢的模样。

7. 五官配件沾些沙拉酱，一一贴在脸部。

8. 放上丸子头，装进配菜就完成了。

配菜

香椿豆腐
⏱ 约 5 分钟　😊 1 人份

材料
北豆腐 100 克

调味料
香椿酱 1 小匙，
素蚝油 1 小匙，
水 1 大匙，
香菇粉少许

做法

1. 北豆腐下锅煎至两面金黄，起锅，备用。
2. 锅中放入调味料煮开成酱汁，放入豆腐煮至收汁。

奶酪粉拌彩椒
⏱ 约 5 分钟　😊 1 人份

材料
彩椒 40 克

调味料
盐 1/4 小匙，
黑胡椒碎少许，
奶酪粉适量

做法

1. 彩椒用模型压出形状，放进微波炉加热约 1 分钟（若没微波炉，也可直接加调味料清炒）。
2. 取出后倒掉多余的水，拌入盐、黑胡椒碎与奶酪粉。

姜丝炒木耳
⏱ 约 3 分钟　😊 1 人份

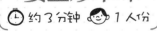

材料
姜 5 克，
黑木耳 30 克，
辣椒 1 个

调味料
盐 1/4 小匙，
白醋 1 大匙，
香油适量

做法

1. 姜与辣椒切丝；黑木耳切条；热锅，爆香姜与辣椒。
2. 加入黑木耳拌炒，再加入盐、白醋调味，起锅前淋些香油提味。

番茄小妹

谁说造型便当一定要捏饭团？米饭铺好，海苔挖洞铺上，贴上五官，可爱的小女孩诞生了！

材料

米饭

海苔

奶酪片

番茄酱

小番茄

造型叉

1. 用保鲜膜包覆米饭，放进便当盒中调整形状。

这是准备盖在米饭上的头发造型。

2. 米饭从便当盒中取出，用海苔比对米饭表面面积，剪出相应的尺寸。

3. 在海苔下方剪出圆形缺口，以露出脸颊部分。

4. 将米饭的保鲜膜取下，放上海苔组合看看，调整好位置。

5. 把米饭放入便当盒中。

6. 在海苔上剪出五官。

7. 从脸蛋中心的鼻子开始，将剪好的海苔沾些沙拉酱，一一贴于米饭上，腮红与舌头利用番茄酱来完成。

五官太迷你，用剪刀不方便，直接利用压模吧！

8. 小番茄对切；奶酪片裁成比番茄小一点的尺寸；用压模在海苔上压出五官。

9. 番茄上先叠上奶酪片，再放上迷你五官。

10. 插上造型叉完成小番茄造型。

11. 把配菜及小番茄造型装入当盒中即完成。

配菜

｛ 炸酱炒青江菜 ｝
🕐 约3分钟　👦 1人份

材料
青江菜80克，
胡萝卜30克

调味料
素炸酱 1/2 小匙

做法

1. 青江菜切段；胡萝卜切条；热好锅，先炒胡萝卜条。

2. 放入青江菜炒，再加入素炸酱与适量水拌炒均匀。

｛ 酥炸鲍鱼菇 ｝
🕐 约3分钟　👦 1人份

材料
鲍鱼菇 2 片，
地瓜粉适量

调味料
酱油 1 大匙，
白醋 1 小匙，
糖 1 小匙

做法

1. 鲍鱼菇洗好，撕成适当大小，与酱油、白醋、糖混合后放置半小时。

2. 将拌过调料的鲍鱼菇均匀裹上地瓜粉，下油锅炸至金黄色即可（起锅前大火逼油）。

熊猫帽子

熊猫？还是娃娃？米饭包覆在酱油饭外面，插上两颗海苔饭团当耳朵，看似复杂其实很简单。若想帮娃娃加上头发，就先贴上海苔片，再将熊猫帽子包上去，可爱梦幻的造型就诞生啦！

造型

材料

米饭

酱油

海苔

胡萝卜片

意大利面条

沙拉酱

1. 米饭拌一些酱油做出娃娃的肤色。

2. 酱油饭捏成圆球；米饭捏成长条状，做成熊猫帽子的主体部分。

3. 再制作 2 颗小圆球，当作熊猫的耳朵。

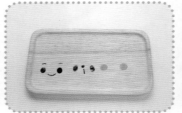

4. 在海苔上剪出娃娃及熊猫的五官；在胡萝卜片上用吸管压出 2 片小圆片当作腮红。

5. 准备 2 张制作熊猫耳朵的海苔片。

6. 将长条米饭包在酱油饭外面，围成帽子造型。

7. 将组合好的饭团放进便当盒中。

8. 海苔五官沾少许沙拉酱，一一贴在酱油饭团上。

9. 将准备好的配菜放入 。

10. 利用干燥或油炸过的意大利面条，衔接熊猫耳朵与头部，放上胡萝卜腮红就完成了。

清炒四季豆

⏱ 约3分钟 😊 1人份

材料
四季豆 10 克

调味料
盐适量

做法

1. 四季豆择除两侧粗纤维，斜切成片状。

2. 热锅，加些水及盐翻炒至熟透即可。

茭白夹香菇

⏱ 约25分钟 😊 1人份

材料
茭白 30 克，
大香菇 1 朵，
胡萝卜圆片 5 片

调味料
盐水适量

做法

1. 茭白以一刀断一刀不断的方式切片；香菇与胡萝卜切片后夹在茭白内。

2. 放入电锅蒸熟后，淋上盐水或自己喜欢的酱料。

双胞胎粉丝

相同大小的双色食材，裁切变化成脸颊和头发，组合起来就成了红发双胞胎！不妨利用这个机会，将小朋友不爱吃的蔬菜变身成讨喜的造型料理！

造型

材料

胡萝卜

奶酪片

海苔

沙拉酱

1. 用调味料瓶的盖子，把煮过的胡萝卜压成 2 片圆片。

2. 奶酪片也用与做法 1 中一样的方法，压成 2 片圆片。

后面只会用到脸颊部分。

3. 依图示将做法 2 中的奶酪片裁成头发与脸两个部分，女孩头发的面积较大。

4. 在海苔上剪出 2 组眼睛、嘴巴，另外再剪出女孩的 2 根睫毛。

5. 胡萝卜片放最下面，接着放上奶酪片，最后将海苔五官沾少许沙拉酱，粘在奶酪片上。

6. 配菜装进便当盒里。

7. 把做法 5 中完成的双胞胎造型放入便当盒中。

8. 用英文字母模型在奶酪片上压出字体；配合字体的总长宽，在海苔上剪出适当大小的文字框。

Tips

· 英文字母可依个人喜好变化。
· 若不擅长剪海苔五官,可以利用压模制作。

9. 将字母与文字框组合起来,放在炒米粉上就完成了。

 配菜

{ **芋头炒米粉** }

🕐 约 10 分钟 👧 2 人份

材料

米粉 80 克,芋头 20 克,胡萝卜 20 克,卷心菜 30 克,绿豆芽 15 克,黑木耳 15 克

调味料

酱油 1½ 大匙,糖 1 小匙,盐 1/2 小匙,香菇粉 1/4 小匙,白胡椒粉 1/4 小匙

做法

1. 芋头切细条;胡萝卜、黑木耳与卷心菜切丝;绿豆芽去除头尾。

2. 煮一锅滚水,加盐焯烫米粉,煮好后捞起。(若米粉太长,可用厨房剪刀将它对半剪开。)

3. 热锅,先把芋头爆香,接着放入胡萝卜、卷心菜炒,再下黑木耳与豆芽。

4. 加入糖、其他调味料及适量水,稍微拌炒后放入米粉,让米粉在汤汁中吸收水分约 3 分钟,配菜就完成了。

阳光外国人

Hello（你好），欢迎外国人光临！用黄色的奶酪片来当外国人的金头发，非常适合。当你看到造型可爱、吃起来美味又充满爱心的手作便当时，会用哪些单词来表达呢？顺便来练习一下英文吧！

造型

材料

米饭

奶酪片

海苔

沙拉酱

1. 将米饭捏成球状。

2. 在烘焙纸上画出外国人的头发。

3. 剪下烘焙纸上的头发，将其与饭团做比对，确认大小是否合适。

4. 剪下的发型贴在奶酪片上，照着轮廓用牙签裁出相同形状。

5. 把做法 1 中的饭团放在配菜杯中。

6. 在海苔上剪出嘴巴；对折海苔，一次剪出 2 只眼睛；五官沾少许沙拉酱，贴在饭团上。

7. 把做法 4 中的奶酪片头发盖在头上，调整好位置。

8. 将完成的造型装入便当盒里。

Tips

若便当需加热，记得将水果先取出。

9. 把配菜放入便当中。

10. 用水果或其他蔬菜填补便当空隙即完成。

配菜

炸豆腐

约3分钟　2人份

材料
嫩豆腐 150 克，
地瓜粉适量

调味料
胡椒盐适量

做法

1. 吸干豆腐表面的水，切块后蘸上地瓜粉。

2. 用中高油温将豆腐炸至表面有点金黄色，捞出沥油，最后撒上胡椒盐即可。

炸酱炒蟹味菇

约5分钟　1人份

材料
蟹味菇 50 克，面卷 10 克，
青豆仁 10 克，姜 3 ~ 4 片，
辣椒 1 个

调味料
素炸酱 1 小匙

做法

1. 用滚水煮青豆仁与面卷约 5 分钟后捞出；面卷切碎；辣椒去籽，切圆片；热锅，爆香姜片后先炒蟹味菇。

2. 放入面卷、青豆仁以及素炸酱，再放入辣椒稍微翻炒一下即可。

纯真小学生

活泼、显眼的黄色学生帽，搭配小男孩或小女孩都行！任何人物造型只要加上黄色帽子就像准备要上学去的学生。开心去上学也要开心吃便当哦！

材料

米饭

酱油

海苔

奶酪片

沙拉酱

造型叉

1. 将少许酱油拌入饭中染色；酱油饭捏成 1 颗大圆球及 2 颗小椭圆球，再用保鲜膜包紧实。

2. 剪 3 片海苔当作头发，1 片包头顶，2 片包马尾。

3. 包头顶的海苔片修剪出刘海造型。

4. 拿起剪好刘海的海苔片，包在饭团顶部，再包上保鲜膜略压固定。

5. 将作为马尾的 2 颗椭圆饭团，用剩下的 2 片海苔包覆住，并用保鲜膜包起，让它们定型。

6. 拆下做法 4 中的保鲜膜，并将饭团放入配菜杯中。

7. 2 颗马尾也拆下保鲜膜，用造型叉插在大饭团上，造型叉刚好当作发饰。

8. 在海苔上剪出五官，剪眼睛时可将海苔对折再剪，如此只要剪一次就行。

9. 五官沾少许沙拉酱，依序贴在造型上。

10. 在烘焙纸上画出一顶小学生帽子。

11. 把烘焙纸上的帽子剪下，盖在奶酪片上，再用牙签沿着轮廓裁出相同形状。

12. 裁好后拿掉烘焙纸，取出裁好形状的奶酪片。

13. 对照帽子大小，将海苔剪成帽子褶痕图案。

14. 将帽子褶痕贴在帽子形的奶酪片上。

15. 将完成的小女孩造型饭团放入便当盒里。

16. 准备好的配菜装入便当盒中。

17. 放入蔬果填补便当盒中的空隙。

Tips

· 做法3中的刘海也可以剪成锯齿状。
· 海苔片包覆饭团时,可在海苔后面剪些缺口,使海苔更服帖。

18. 最后放上做法14中的小学生帽子。

配菜

XO 酱炒蔬菜
约5分钟 1人份

材料

竹笋30克,小黄瓜20克,黑木耳15克,胡萝卜10克,豆枝*5克,姜3～4片

调味料

XO酱2小匙,糖1/4小匙,酱油1/2小匙,水60克,水淀粉少许

做法

1. 豆枝用水泡软;所有食材切成长条状,备用。
2. 爆香姜片,放入胡萝卜及竹笋略炒。
3. 下黑木耳、豆枝、小黄瓜及调味料,煮到汤汁收干,淋上水淀粉勾芡即成。

*注:

豆枝,又称素肉丝,是用大豆蛋白制成的素食。

老爸看书

老爸陪你吃饭，看书竟然看进便当盒里！这次的人物造型用了镜框、皱纹等图案。海苔剪细一点看起来更精致，也能避免配件太多，脸部贴不下的窘境。

造型

材料

米饭

酱油

海苔

奶酪片

沙拉酱

1. 米饭加入适量酱油，调成老爸的健康肤色。

2. 将酱油饭捏成 1 颗大椭圆球（头部）及 2 颗小圆球（手部），分别用 3 张保鲜膜包紧。

3. 在烘焙纸上画出老爸图案，头发部分剪下来当样板，叠在海苔上剪出所需图案（其他细小部位不用剪下）。

4. 先剪出方形海苔片，再将其对折，从折线处剪出一个小四方形。

5. 将做法 4 中的海苔片张开，会发现海苔中间有一个洞，镜框就完成了。

6. 对照着草图将所有部位都剪好。

7. 把完成的镜框贴在奶酪片上，沿着镜框轮廓，裁下方型奶酪片，完成眼镜。

8. 开始组合饭团，把饭团置于配菜杯中，再贴上头发。

9. 配件沾少许沙拉酱，由眉毛起依序往下贴在饭团上。

10. 完成的老爸造型饭团装进便当盒里。

11. 放入准备好的配菜。

12. 放入蔬果填补空隙。

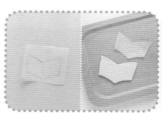

13. 在烘焙纸上画出书的图案并剪下，叠在奶酪片上，沿着轮廓裁出书本形状的奶酪片。

14. 剪出几条海苔线；再将剪好的海苔线贴在做法13中的书形奶酪片上面，完成书本造型。

15. 把书本放在老爸的下巴位置。

16. 最后把双手放上就完成了。

配菜

{ 煎白萝卜 }
约10分钟　1人份

材料
白萝卜2片

调味料
酱油1大匙，水50克，
糖1小匙，白醋2小匙，
素蚝油1小匙，
水淀粉、香油各适量

做法

1. 白萝卜切厚圆片，再各切成四等份；除水淀粉和香油以外的调味料调匀成酱汁；热锅，倒入香油，放入白萝卜煎至两面微焦。

2. 酱汁淋在白萝卜上，待萝卜煮熟后，淋上水淀粉勾芡即可。（可依个人口味决定萝卜烹煮时间，若缩短烹煮时间，可保留萝卜的爽脆口感。）

{ 煎莲藕饼 }
约5分钟　1人份

材料
莲藕60克，菠菜20克，
地瓜粉2小匙，
海苔4小片

调味料
盐少许

做法

1. 莲藕用锅蒸软；菠菜以滚水烫2～3分钟后捞起。

2. 蒸好的莲藕沥干水，磨成泥，加入地瓜粉及剁碎的菠菜，拌匀后捏成圆球，压扁制成饼。

3. 莲藕饼下锅煎至有点焦黄色，再撒适量盐，包上海苔片即可。

快乐小婴儿

粉嫩的肌肤搭配雪白的帽子，放上一根卷毛增添了整体活泼度。眼睛倒过来贴，就变成了睡梦中的模样；将不同大小的胡萝卜和奶酪圆片（小片的中间挖空）放在嘴上，又变成了吸奶瓶造型的小婴儿，一起动手玩创意吧！

造型

材料

米饭

酱油

海苔

番茄酱

沙拉酱

1. 米饭混入一点点酱油，拌匀染好色。

2. 取适量酱油饭捏成 1 颗大圆球（头部）。

3. 取少量酱油饭，捏出 2 颗小圆球（手部）。

4. 准备分量多一些的米饭，放在保鲜膜上。

5. 用保鲜膜将米饭包紧后压扁；压扁后的米饭，必须是能包住婴儿头部一半面积的大小。

6. 酱油饭团与压扁米饭的比例如图所示。确认比例后拿掉保鲜膜，并将它们叠起。

完成后会发现，米饭就是小婴儿的帽子。

7. 用压扁的米饭把酱油饭团包起来。

8. 将包好的饭团放在配菜杯中。

头发剪成
U型比较好卷曲。

9. 在海苔上剪下婴儿的眼睛、鼻子、嘴巴及一条细长的头发。

10. 五官沾少许沙拉酱，从中心的鼻子开始贴，这样眼睛跟嘴巴的位置比较好确定。

11. 把的头发沾些沙拉酱，一边卷曲一边贴在额头部位。

12. 两颊处点上少许番茄酱当腮红。

13. 把小婴儿饭团放入便当盒里。

14. 把双手摆放在婴儿脸的下巴处。

15. 准备好的配菜装入便当盒中。

16. 用体积小的食材填充空隙即完成。

Tips

· 米饭染色时不需加入太多酱油，因为婴儿的肤色不用太深。

· 如果担心手部饭团移位，可以插上意大利面条固定。

配菜

芝麻牛蒡

约5分钟　1人份

材料
牛蒡 50 克，
姜 3 ～ 4 片，
熟白芝麻适量

调味料
糖 1/2 小匙，
酱油 1 小匙

做法

1. 姜片切成丝；牛蒡用
   刀背或菜瓜布去粗
   皮，刨成丝，立刻泡
   入水中才不会变黑
   （记得沥干水再开始
   料理）。

2. 爆香姜丝后，下牛蒡
   丝炒，加调味料炒至
   汤汁收干后，撒上熟
   白芝麻。

腰果玉米

约5分钟　1人份

材料
熟腰果 30 克，
玉米粒 20 克，
胡萝卜 10 克，
青豆仁 10 克

调味料
盐适量，
香菇粉少许

做法

1. 胡萝卜切丁，下锅炒
   至七分熟。

2. 放入玉米粒、青豆
   仁、熟腰果，加一点
   点水略炒后，再撒上
   调味料炒均匀。

大眼睛青蛙帽

把人物和动物两种造型结合在一起，不但没冲突感，反而更加可爱了。你也可以依照同样的原理，将它替换成兔子帽或其他造型的帽子哦。

造型

材料

米饭

海苔粉

海苔

胡萝卜

番茄酱

沙拉酱

意大利面条

1. 取适量米饭放凉，置于保鲜膜上。

2. 用保鲜膜将米饭包起来，捏成圆球。

3. 另外准备一碗比做法 1 中少的米饭，拌入海苔粉染成绿色，慢慢加入海苔粉调整颜色深浅。

4. 取少量海苔饭分成 2 份，分别用保鲜膜包起，捏成小圆球。

5. 剩下的海苔饭，用保鲜膜包紧后，捏成椭圆形饭团。

6. 把做法 5 中的椭圆饭团压扁，捏成带状。

7. 青蛙的帽子和眼睛材料准备完成。

8. 在海苔上剪出小男孩的短发、眼睛、鼻子、嘴巴等五官配件。

9. 头发先贴在额头部位。

10. 头顶包上做法 6 中的青蛙帽，再包上保鲜膜稍微压紧固定。

11. 拆开保鲜膜，将饭团放在配菜杯中。

12. 用意大利面条衔接做法 4 中的小圆球。

13. 五官沾少许沙拉酱贴在脸上。

青蛙的五官也别忘了。

14. 在海苔上剪出眼睛、鼻孔、嘴巴；用吸管在胡萝卜片上压出小圆片当腮红。

15. 将青蛙的五官配件沾少许沙拉酱，固定在青蛙帽子上，然后在小男孩的脸颊上点上番茄酱当作腮红。

16. 把组合好的造型饭团放进便当盒里。

17. 装入准备好的配菜。

Tips

· 如果再剪些海苔片贴在脸颊两侧，就变成女孩造型了！
· 因为米饭团的顶部会包上青蛙帽，所以贴海苔发型时（做法9中），需贴在额头上，以免被遮住。

18. 撒上切碎的奶酪片装饰即完成。

配菜

煎蘑菇
🕐 约7分钟　😊 1人份

材料
蘑菇80克，
奶油10克，
面包糠10克

调味料
欧芹5克，
辣椒粉少许，
盐1/4小匙，
黑胡椒碎适量

做法

1. 热锅，融化奶油，并加入蘑菇不停翻炒4～5分钟。

2. 加入面包糠与欧芹略炒后，再加少许水、辣椒粉拌炒，最后撒适量盐及黑胡椒碎调味。

煎香蕉
🕐 约5分钟　😊 1人份

材料
香蕉1/2根

做法
香蕉切薄片，放入热锅中不停翻面煎至金黄色。

Part 2.

生活中找灵感！

创意造型便当

骰子、扑克牌、晴天娃娃、高铁……
生活中常见的事物都跑进便当里了！
找不到灵感的话就把周围的事物当作创作素材吧，
也许会产生意想不到的惊喜效果哦。

快乐高铁

今天想去哪里玩？运用米饭、胡萝卜、海苔，就能把高铁的白、橘、黑三要素全部呈现。打开便当，让好心情跟着高铁一起奔驰！

造型

材料

米饭

胡萝卜

海苔

1. 取出适量米饭，放凉后包进保鲜膜中，放入便当盒里定好位置。

2. 将米饭捏成椭圆形，其中一端再稍微捏尖，做出高铁车头的样子。

3. 对照高铁长度，剪出一片长方形海苔及胡萝卜条。

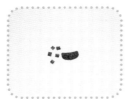  

4. 用剪刀在海苔上剪出车头大窗户与车厢上的小窗户配件。

5. 将车头大窗户、橘色线条及底部海苔贴在米饭上。（容易被配菜挡住的地方先贴上配件。）

6. 把高铁放进便当盒中，配菜也一起装进去。

7. 最后贴上小窗户，高铁就完成了。

 配菜

炸南瓜片
🕐 约3分钟　😊 2人份

蚝油香菇
🕐 约3分钟　😊 1人份

材料

南瓜 1/4 个
（约 100 克）

面糊材料

低筋面粉 60 克，冰水 30 克，地瓜粉 10 克，色拉油 10 克，盐 1/2 小匙

材料

辣椒 1/2 个，姜 3 ～ 4 片，水淀粉（淀粉∶水 = 3∶1），干香菇 10 朵

调味料

蚝油 2 大匙，糖 1/4 小匙，水 90 克，白胡椒粉少许

做法

1. 面糊材料混合在一起；南瓜削皮（也可以不削），用手或汤匙去瓤后切片。

2. 将南瓜片蘸上面糊，放入油锅中炸 1 ～ 2 分钟，起锅沥油。

做法

1. 干香菇先泡水 10 分钟，让它变软；调味料调匀成酱汁；辣椒切段。

2. 热锅，爆香姜片，加入香菇略炒后，倒进酱汁翻炒，加辣椒配色，起锅前用水淀粉勾芡。

黄色笑脸

将快乐的心情装进便当盒里！除了用充满喜悦的黄色饭团来装饰，另一个饭团上的奶酪片造型，可以选择任何你喜欢的压模完成哦！

造型

材料

米饭

海苔

奶酪片

沙拉酱

姜黄饭

1. 事先准备好姜黄饭与米饭，分别将其捏成圆球。

2. 在海苔上剪出眼睛跟嘴巴；用模型在奶酪片上压出花朵，海苔上剪出长条海苔片。

3. 先做花朵饭团。将长条海苔以米字型贴在饭团上。

4. 在做法3中的饭团上放上花朵，即完成花朵饭团。

5. 五官配件沾些沙拉酱贴于姜黄饭团上，再将2个饭团放入便当盒中，最后放入配菜即成。

 配菜

炒青椒

⏱ 约5分钟 👧 1人份

材料
青椒50克，
姜4～5片，
熟白芝麻少许

调味料
酱油1小匙，
盐少许，
香菇粉少许

做法

1. 青椒横切去籽；热锅，爆香姜片。

2. 加入青椒略炒，再放入适量水、调味料，起锅前撒上熟白芝麻。

烤小番茄

⏱ 约10分钟 👧 1人份

材料
小番茄8个，
橄榄油适量

调味料
意式香草盐适量

做法

1. 小番茄切成两半。

2. 番茄放烤盘中，淋上橄榄油，撒上香草盐，放入以200℃预热的烤箱，烤10分钟。（每台烤箱功率不同，时间与温度仅供参考。）

三角饭团

基本款三角饭团只要加了五官，就变身超级可爱的迷你小人！底部加上了海苔片，直接用手拿着食用很方便。只要有三角饭团工具，就能快速地完成这个零失败的造型便当。

造型

材料

米饭

海苔

番茄酱

1. 取适量米饭平分成2份，分别捏成三角形。

2. 在海苔上剪出2条长方形海苔片（包住三角饭团用），再剪出眼睛及嘴巴。

3. 先用长方形海苔包住饭团底部。

4. 在饭团上方贴上眼睛、嘴巴，最后用番茄酱点上腮红，就完成了。

配菜

{ 青椒炒玉米 }
🕐 约3分钟　😊 1人份

材料
玉米粒50克，
青椒40克

调味料
盐 1/4 小匙

做法

1. 热锅，先放入玉米粒，炒到表面微焦黄。

2. 放入切成小块的青椒，加适量水翻炒一下，撒入盐炒均匀即可盛出。

{ 糖醋豆肠 }
🕐 约7分钟　😊 1人份

材料
豆肠1条，
白芝麻适量

调味料
番茄酱2大匙，糖2大匙，
醋2大匙，水60克

做法

1. 调味料调匀成糖醋酱汁煮开，下豆肠煮至入味。

2. 起锅后撒熟白芝麻即可。

酸甜草莓

番茄酱拌入米饭中呈现的淡红色，刚好适合制作草莓，上面再加几片毛豆仁，就让今天的水果便当变得很特别。

造型

材料

米饭

番茄酱

海苔

毛豆仁

沙拉酱

1. 取适量番茄酱与米饭混合均匀。

2. 用保鲜膜将饭包起，捏成偏三角的草莓形状。

3. 海苔压出数小片椭圆形；草莓蒂头以毛豆仁代替。

4. 海苔片贴于饭团上；毛豆仁沾些沙拉酱贴在草莓上方。

5. 完成的草莓饭团放进便当盒中。

6. 准备好的配菜放入便当中。

 配菜

{ 西蓝花茎炒玉米 }
约 3 分钟　　1 人份

材料
西蓝花茎 30 克，
玉米粒 50 克

调味
盐 1/4 小匙，
白胡椒粉少许

做法

1. 西蓝花茎削去外皮，切成约 0.5 厘米厚度的圆片；热锅炒熟菜茎。

2. 放入玉米粒，加盐、白胡椒粉翻炒均匀后起锅。

{ 香菇炒豆干 }
约 5 分钟　　1 人份

材料
大香菇 2 朵，
豆干 3 块，辣椒 1 个

调味料
沙茶酱 1/2 小匙，
蚝油 1 大匙，水 3 大匙

做法

1. 香菇洗好，撕碎；豆干切丁；辣椒切块。

2. 香菇炒香起锅；余油炒豆干，炒完起锅。（若是用干香菇需要先泡软，取出后挤去水分，但不用挤太干，以免吸油同时吸入过多辛辣味。）

3. 锅中放调味料煮开后，放香菇与豆干分别炒熟（分开来炒味道更香），最后加辣椒翻炒一下即可。

炒面小熊

面包怎么做造型？直接在面积最大的位置加上表情就拟人化了！炒面卷曲的形状刚好可以当作头发，就把炒面夹在头顶吧。

造型

材料

海苔

奶酪片

沙拉酱

免揉面包

1. 面团揉成圆球后稍微压扁。

2. 面团放入180℃预热的烤箱中烤25分钟；取出烤好的面包，从中间切出开口。

3. 在海苔上剪出 4 个眼睛、2 个鼻子、2 个嘴巴；在奶酪片上裁 2 片圆形奶酪片，当作鼻子的配件。

4. 备好的炒面夹入面包内。

5. 所有配件沾少许沙拉酱，粘贴于做法 2 中的面包上就完成了。

Tips

· 每台烤箱功率不同，时间与温度仅供参考。

· 免揉面包的制作请参考 P.21。

配菜

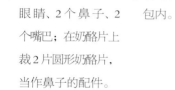

炒面
 约 7 分钟 1 人份

材料

熟油面 120 克（或干油面 60 克），玉米笋 1 支，卷心菜 30 克，木耳 10 克，蘑菇 1 朵

调味料

素炸酱 1 小匙，素蚝油 1 小匙，酱油 1 小匙，香菇粉少许

做法

1. 玉米笋切片；卷心菜撕成片状；木耳切条；蘑菇切片；热锅后先放入蘑菇炒，再依序加入玉米笋、黑木耳、卷心菜及适量水拌炒。（若准备的是干燥面条，需事先煮过才能使用哦！）

2. 卷心菜炒软后放入油面与调味料，煮至入味即可。

数字饭团

妈妈帮我算好了，今天便当带了1、2、3颗饭团，造型简单却很有趣味，要从几号开始吃呢？

造型

材料

米饭

海苔

奶酪片

沙拉酱

1. 捏出 3 颗相同分量的球形饭团。

2. 准备足以包裹整颗饭团的海苔片，并将四角剪开使其更好包裹。

3. 沾一点水让海苔更服帖。

Tips

如果担心加热会破坏奶酪造型，也可以改用胡萝卜制作数字。

4. 用牙签在奶酪片上裁出阿拉伯数字 1、2、3。

5. 阿拉伯数字沾少许沙拉酱，贴在已包好海苔的饭团上。

6. 加上配菜就完成了。

 配菜

烤蔬菜

🕐 约30分钟　😊 1人份

材料

大黄瓜 40 克，土豆 1/2 个，大番茄 1/2 个，黄色彩椒 1/4 个，橄榄油 1 大匙

调味料

意式香草盐适量

做法

1. 大黄瓜切片；土豆连皮切丁；番茄一切两半；彩椒切丁。

2. 铝箔纸亮面朝上，铺满烤盘；备好的食材铺在烤盘上，再撒上意式香草盐、淋上橄榄油，送进已预热好的烤箱内以 200℃烤 30 分钟，大黄瓜可烤 10 ～ 15 分钟取出。

（每台烤箱功率不同，时间与温度仅供参考，烤至叉子可轻易插入的程度即可。）

不甜的甜甜圈

你没看错，这是一份咸的甜甜圈，它是由米饭和奶酪创造出的"甜食"，或许能促进小朋友的食欲，让他们吃更多饭。（笑）

造型

材料

米饭

番茄酱

奶酪片

胡萝卜

小黄瓜

1. 米饭与番茄酱混合均匀。

2. 先捏成圆球，中间再压出凹洞，慢慢捏平整。

3. 在奶酪片上裁出一片宽度和甜甜圈差不多、下面做成波纹花样的奶酪片。

4. 小黄瓜和胡萝卜切碎当作装饰（也可用其他食材）。

5. 将奶酪片覆盖在甜甜圈上，撒下小黄瓜、胡萝卜碎粒。

6. 甜甜圈放入配菜杯中，再装进饭盒里。

7. 加入配菜就完成啦。

配菜

三杯菇

约7分钟　1人份

材料
蘑菇 70 克，地瓜粉少许，
辣椒 1 个，姜 5 ～ 6 片，
九层塔适量

调味料
酱油 1 大匙，
素蚝油 1 小匙，
糖 1 小匙，香油适量

做法

1. 辣椒去籽，切丁；蘑菇裹上地瓜粉炸好，沥油后盛出，备用。

2. 锅中加香油，爆香姜片后加糖炒，再加入酱油、素蚝油。

3. 放入蘑菇，炒至酱汁收干入味，最后再放辣椒及九层塔，翻炒至九层塔变软即完成。

酥炸茄子

约5分钟　1人份

材料
茄子 60 克，
地瓜粉适量

调味料
胡椒盐适量

做法

1. 茄子切斜片（若不需马上处理，可先泡盐水防止变色）。

2. 蘸上薄薄一层地瓜粉，下油锅炸熟后捞起，沥油，撒上胡椒盐或淋上自己喜欢的酱料吃。

微笑苹果

今天的便当是新鲜
又健康的苹果。用染红的
番茄酱饭捏成圆形苹果，
加上拟人化表情，还搭配
了切面造型的苹果互相
衬托，点缀上绿叶又装饰
使造型更完美了。

材料
米饭
番茄酱
海苔
奶酪片
沙拉酱

1. 用番茄酱拌饭染色。

2. 番茄酱饭分成 2 份，捏成 2
个圆球。

3. 准备脸部表情与苹果切面图案。在海苔上剪出眼睛、嘴巴、苹果籽；在奶酪片上裁出2片半圆形当作苹果切面。

4. 眼睛、嘴巴一组，奶酪片、苹果籽一组，沾些沙拉酱分别贴于饭团上，最后用造型叉装饰顶部即完成。

 配菜

香菇面筋
 约5分钟　1人份

材料
干面筋 15 克，
大香菇 2 朵，姜适量

调味料
蚝油 2 小匙

做法

1. 干面筋泡软；姜与香菇切丝后，放入锅中炒香。

2. 加入蚝油及适量水，煮开后下面筋，再煮几分钟即可起锅。

清炒茭白
约5分钟　1人份

材料
茭白 2 根

调味料
盐少许，
香菇粉少许

做法

1. 茭白去皮，切滚刀块。

2. 茭白下锅略炒后，加入适量水继续炒，最后撒盐及香菇粉调味即可。

疗愈系栗子

完成可爱的小栗子一点都不难！只要用现成的饭团工具完成三角形饭团，然后在底部沾上熟白芝麻就完成了。做很多迷你版栗子摆入便当中，也是非常可爱哟！

材料

米饭

酱油

海苔

胡萝卜

熟白芝麻

沙拉酱

1. 加入少量酱油于米饭中拌匀。

2. 用模型或手将酱油饭捏成三角形。

3. 三角饭团底部均匀地蘸上熟白芝麻。

86

4. 海苔上剪出眼睛和嘴巴；用模型或吸管在胡萝卜片上压出 2 个小圆片。

5. 将做法 4 中的五官配件沾少许沙拉酱，贴在做法 3 中的饭团上。

6. 这次要把饭团稍微摆直立，所以先把备好的配菜装进便当盒中。

7. 将做法 5 中的栗子饭团放入便当盒中，用蔬菜填满空隙即完成。

配菜

清炒大黄瓜

⏱约 5 分钟　😊 1～2 人份

材料

大黄瓜 150 克，胡萝卜 40 克，木耳 20 克，辣椒 1 个，姜 5～6 片

调味料

盐 1/2 小匙，香菇粉 1/4 小匙，白胡椒粉 1/4 小匙

做法

1. 大黄瓜对切成四等份后去瓤，再切成约 1 厘米厚的片（直切成小块较方便食用，若切成斜片分量看起来较多）；胡萝卜切条，黑木耳切除蒂头后切成大片长方形，再横切成条；辣椒切段（可以去籽，吃起来不太辣）。

2. 姜片爆香，加胡萝卜入锅炒。

3. 下黑木耳略炒，再放大黄瓜、适量水、调味料和辣椒炒均匀。

现采小蘑菇

打开便当盖，就看见现采的可爱蘑菇。蘑菇上的圆点是增添美味的奶酪片，脸上的腮红是酸甜的番茄酱，超可爱的造型让大人和小朋友都无法招架。

造型

材料

米饭	海苔
甜菜根汤汁	奶酪片
黑芝麻粉	番茄酱
沙拉酱	

7. 准备 2 份等量的米饭，分别加入少许甜菜根汤汁及黑芝麻糊拌匀；甜菜根及黑芝麻饭捏成圆饼状，底部略压平做成菌盖，另取适量米饭捏出 2 个方形。

2. 把菌盖及方形米饭组合起来，用保鲜膜包紧固定。

3. 用吸管在奶酪片上压出数个蘑菇上的圆点；在海苔上剪出 2 组五官。

4. 蘑菇饭团放进配菜杯中，再放入饭盒；海苔五官、奶酪圆片贴于饭团上，再用番茄酱点出腮红，最后把配菜装入饭盒中就完成了。

Tips　便当加热后奶酪会稍微融化，若想保持完美造型，也可用米饭制作圆点。

 配菜

咖喱炒菜花
🕐 约 5 分钟　👧 1 人份

材料
菜花 70 克，
牛奶 30 克

调味料
咖喱粉 2 小匙，
盐 1/2 小匙，
糖 1/2 小匙

做法

1. 菜花切小朵，入滚水中烫至半熟，捞起。

2. 锅中倒入适量油烧热，撒下咖喱粉炒香，接着加牛奶、盐和糖一起搅拌均匀。

3. 菜花入锅中，煮至酱汁收干。

海带炒面卷
🕐 约 12 分钟　👧 1 人份

材料
海带结 40 克，
面卷 40 克，
姜 5 ~ 6 片

调味料
糖 1 小匙，
酱油 1 小匙

做法

1. 姜片切成丝；面卷用手撕成小片后，和海带一起入锅，小火煮约 10 分钟。

2. 热锅先炒姜丝，依序放入海带、面卷、糖和酱油调味，拌炒均匀即可。

热血足球

这次的造型便当感觉不一样哦,改走运动路线!足球上的五边形图案,只要用现成的星星工具就能轻松复制……复制再复制,真的好简单,快点做给喜欢运动的宝贝吃吧!

材料

米饭

海苔

1.将米饭捏成一个圆滚滚的球。

2.利用星星工具在烘焙纸上画出内五边形(如图中红线所示),画好后剪下。

3. 把做法 2 中五边形的烘焙纸衬在海苔片上，依轮廓重复剪下 6 片五边形的海苔。

4. 在中心位置贴上一片五边形海苔，并于中心四周留出相同图形空位，然后将其他海苔一一贴上即完成。

配菜

炸豆腐丸子
约 5 分钟　1～2 人份

材料

北豆腐 1 块，奶酪适量，地瓜粉 2 小匙，面包糠适量

调味料

盐 1/2 小匙，白胡椒粉 1/4 小匙

做法

1. 将奶酪切碎或用手撕碎（可利用装饰其他造型饭团时剩余的奶酪，既不会浪费食材，还增加了奶酪香味）。

2. 豆腐擦干水后压碎，加调味料和地瓜粉搅匀。

3. 取适量豆腐放在手中，将其压扁后放上奶酪碎片，填入一些豆腐后包起来，捏成圆球，再均匀裹上面包糠。

4. 以 170℃的油温将豆腐丸炸成金黄色即成。

魔幻扑克牌

将黑桃、红心等各种花色贴在吐司上，就是一张扑克牌啦！简单造型就让餐盒变得更吸引眼球，搭配上清爽的生菜沙拉与水果，非常适合夏天食用。

材料

吐司

海苔

沙拉酱

1. 吐司切去边。

2. 在烘焙纸上画出大小黑桃、小A等扑克牌图案，画好后剪下。

3. 将做法2中的烘焙纸叠在海苔片上，沿轮廓剪出一样的图案。

4. 海苔配件沾少量沙拉酱，贴于做法1中的吐司上。

5. 装进已铺上生菜的餐盒中。

6. 放入配菜即可。

 配菜

凉拌毛豆荚
约5分钟　1人份

材料
毛豆荚 40 克

调味料
盐少许，
黑胡椒碎少许，
香油适量

做法

1. 取一锅水煮沸后，放入少许盐及毛豆荚煮约5分钟，捞起，用冷水降温以保持翠绿色。

2. 沥干水，拌入调味料即可。

蔬果沙拉
约2分钟　2人份

材料
苹果 1/2 个，
玉米粒 2 大匙，
豌豆苗 30 克

调味料
沙拉酱适量

做法

1. 苹果切丁；豌豆苗剪碎，与苹果丁及玉米粒混合在一起。

2. 加入沙拉酱搅拌均匀。

转运骰子

没想到，骰子也成了造型便当的点子！不仅看起来新鲜有创意，造型过程也非常简单，保证不会失败。

造型

材料

米饭

海苔

1. 米饭均分成2份，并将其捏成正方体。

以露出的面数来决定准备的点数，我准备点数为1、2、5，总共8点。

2. 海苔对折，剪出足够的骰子点数。

3. 对照骰子上的位置贴上骰子点数。

4. 把准备好的配菜装入便当盒中即完成。

Tips

这个造型除了四方形的饭团外，最重要的就是海苔片，因为需要很多相同形状的小圆片，所以用打洞工具速度会快许多。

配菜

清炒豌豆苗
🕐 约3分钟　😊 1人份

材料
豌豆苗 50 克

调味料
糖 1/2 小匙，
盐 1/4 小匙

做法

1. 豌豆苗切段。

2. 热锅，放入豌豆苗翻炒，放糖和盐拌炒均匀。

辣炒土豆
🕐 约5分钟　😊 1人份

材料
土豆 1/2 个，
辣椒 1 个，
欧芹叶适量

调味料
辣椒粉适量，
盐 1/2 小匙，
糖 1/4 小匙

做法

1. 辣椒去籽，切斜片；土豆削皮，切丁；煮一锅滚水，将土豆煮至熟，捞起，备用。

2. 热锅，放入土豆煎至微焦，放辣椒，撒辣椒粉、盐、糖炒香，以中小火翻炒，最后撒上欧芹叶即完成。

清凉冰棒

光是看着就能让暑气消掉一半的冰棒造型便当！（当然吃起来是热的。）这个便当只需做一道盖饭料理，不仅简单可爱，促进食欲，还能让你优雅下厨房！

造型

材料

米饭

海苔

冰棒棍

沙拉酱

胡萝卜

1. 取适量米饭，用保鲜膜包紧，捏成圆润的长方形。

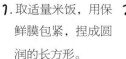

2. 饭团定型后，拆开保鲜膜。

3. 在方形饭团下方插入冰棒棍。

4. 在烘焙纸上画出巧克力酱汁图案。

5. 把烘焙纸上的酱汁图案剪下当模板，叠在海苔片上剪出相同图案。

6. 将酱汁图案沾少许沙拉酱后，贴在冰棒上。

7. 碗中装入煮好的配菜。

8. 直接把冰棒放入便当中。

9. 胡萝卜切片，用压模工具压出造型。

10. 胡萝卜片放在配菜上装饰即完成。

配菜

豆皮盖饭

约5分钟　　1人份

材料

豆皮1片，干香菇1～2朵，榨菜15克，

高汤150克，香菜适量

调味料

酱油1大匙，水淀粉适量

做法

1. 干香菇泡软，切细条；榨菜切细条后泡水5～10分钟去除盐分；豆皮用手撕碎。

2. 香菇略炒后加入榨菜、豆皮。

3. 倒入高汤和酱油焖煮一下，最后淋上水淀粉勾芡，撒上香菜。

缤纷丸子串

色彩缤纷的便当让人喜爱，这次我捏了三种颜色的饭团，直接穿起来做成丸子串，既快速又方便，加上生动表情让饭团变得更可爱了。

材料

米饭

海苔

海苔粉

甜菜根汤汁

意大利面条

沙拉酱

1. 准备三等份米饭，其中1份保持米饭的样子，另外2份分别拌入适量海苔粉、甜菜根汤汁；将3份都捏成圆球。

2. 把3个饭团的保鲜膜都拆开，利用意大利面条衔接3个饭团，做成丸子串。

3. 在海苔上剪出丸子的五官。

4. 把做法 3 中剪好的配件，沾少许沙拉酱分别贴在 3 颗丸子上。

5. 将配菜装进去就完成了。

制作五官配件时也可使用打洞工具，如此一来会更方便。

配菜

奶油烤玉米
⏱ 约20分钟　👦 1人份

材料
玉米 2 段，
奶油块适量

调味料
黑胡椒碎适量，
盐少许，
糖少许

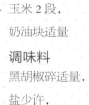

做法

1. 玉米洗好，切成易装进便当的大小。

2. 把玉米放在铝箔纸上，在上面放奶油块，撒上黑胡椒碎、盐、糖后，用铝箔纸将玉米包紧，放入已预热的烤箱，以 200℃烤 20 分钟即成（每台烤箱功率不同，时间与温度仅供参考）。

梅干芋头
⏱ 约15分钟　👦 1人份

材料
芋头 80 克，
梅干菜 15 克

调味料
酱油 1 小匙

做法

1. 梅干菜先泡水 5 分钟软化；芋头切丁。

2. 热锅，将芋头炒过后盛出。

3. 同锅，加梅干菜略炒，再放入芋头拌炒，加点酱油让芋头上色，再加一些水，以小火焖煮 10 分钟即成。

荷包蛋

用奶酪片与黄萝卜完成的"荷包蛋"，乍一看好像跟真的没什么两样！赶快打开冰箱看看有哪些颜色相近的食材能利用，做出一个不用煎的荷包蛋。

造型

材料

奶酪片

海苔

黄萝卜

胡萝卜

番茄酱

沙拉酱

1. 准备适量米饭，装入碗中备用。

2. 配菜均匀地拌入米饭中。（也可将米饭与配菜一起炒，做成炒饭。）

3. 把混合均匀的拌饭装进饭盒中。

4. 接下来做荷包蛋造型。黄萝卜切薄片，用调味料罐的盖子压出圆片。

5. 拆开奶酪片上的封膜，平铺在桌面上；把做法4中的黄萝卜圆片放在奶酪片上面。

6. 用牙签裁出荷包蛋的形状。

7. 将做法6中的荷包蛋造型盖在拌饭上。

> 我准备的是餐具图案。

8. 在海苔上剪出眼睛和嘴巴。

9. 眼睛和嘴巴沾少许沙拉酱，粘贴于荷包蛋中间。

10. 把胡萝卜切片，再用造型工具压出形状。

11. 将做法10中的胡萝卜餐具放在荷包蛋两边；在荷包蛋的脸颊点上少许番茄酱当腮红。

配菜

XO 酱炒莲藕
🕐 约10分钟　👦 1 人份

材料

莲藕 50 克，青椒 15 克，姜适量，辣椒 1 个

调味料

白醋 1 小匙，酱油 1 小匙，XO 酱 1 小匙

做法

1. 莲藕去皮切小丁；青椒切丁；辣椒去籽，切成片；姜切末。

2. 爆香姜末，放莲藕，加白醋翻炒至八分熟。

3. 放入青椒，加适量水略炒后，加入 XO 酱、酱油翻炒均匀。

晴天娃娃

阴雨绵绵的天气就要派出晴天娃娃来击退！可爱的造型饭团让心情也跟着灿烂起来，重复多捏几个晴天娃娃，两三个排在一起看起来也不错哦。

材料

米饭

红彩椒

海苔

沙拉酱

1. 准备适量米饭，分成2份，捏成圆球，并用保鲜膜包紧。

2. 将其中一个饭团捏成三角形。

3. 三角饭团下面再压出2个凹洞。

102

4. 把圆饭团放上面，三角饭团放下面，上下组合在一起，放入便当盒中。

5. 将红彩椒切成细长条。

6. 红椒条放在2颗饭团的接缝上。

7. 在海苔上剪出眼睛跟嘴巴。

8. 海苔五官沾些沙拉酱，贴在饭团上。

9. 装入配菜就可以开饭啦。

Tips

也可以用胡萝卜代替彩椒。

配菜

{ 白酱杏鲍菇 }
 约5分钟   1人份

材料
杏鲍菇80克，红黄彩椒30克，西蓝花30克

调味料
基本白酱1～2大匙（基本白酱配方可参考P.20）

做法

1. 杏鲍菇切斜片；彩椒切条；西蓝花切小朵后用滚水焯烫，捞出，备用。

2. 热锅，先炒杏鲍菇，再放入彩椒与西蓝花拌炒。

3. 加白酱后炒均匀，再焖一下即可。

风味丸子烧

买了与米饭、稀饭最配的素肉松，突然想起丸子烧上面的配料，正好跟素肉松相似，那就好好来利用，做丸子烧喽！

 造型

材料

米饭　　巧克力饼干棒

酱油　　沙拉酱

酱油膏

素肉松

1. 米饭混入少量酱油调色。

2. 酱油饭用保鲜膜包起，捏成球状。

3. 将保鲜膜拆开，在饭团上涂上适量酱油膏。

4. 在酱油膏上撒些素肉松，若有海苔粉也可以加一些。

5. 用剪刀在海苔上剪出眼睛跟嘴巴（也可用打洞工具压制）。

6. 海苔五官沾些沙拉酱，贴于饭团上。

7. 在饭团上插上一小段巧克力饼干棒。

8. 把丸子烧放入便当中。

9. 放进准备好的配菜即完成。

 配菜

普罗旺斯炖菜

约20分钟 　1～2人份

材料
茄子 40 克，小黄瓜 60 克，黄彩椒 60 克，小番茄 7 个

调味料
欧芹 1 小匙，盐 1/4 小匙，黑胡椒碎适量

做法

1. 小黄瓜切厚片后再对切，撒盐静置半小时；茄子切厚片，再对切成四等份；小番茄对切；彩椒切丁。

2. 将茄子、小黄瓜炒至上色后盛出。

3. 同锅，炒番茄和彩椒，再加入茄子与小黄瓜，撒上调味料翻炒约 15 分钟即可。

迷你三角饭团

迷你的小三角饭团，加上五官，放在染红的甜菜根饭上，简单又可爱，一定要收集到你的口袋食谱中！不同颜色的饭团会呈现不一样的感觉，一起来尽情玩耍吧！

 造型

材料

米饭

甜菜根汤汁

奶酪片

海苔

胡萝卜

沙拉酱

1. 甜菜根汤汁拌入米饭中，搅拌成均匀的粉红色。

2. 饭等分成2份，捏成圆球。

3. 奶酪片裁成圆边小三角形，海苔剪出方形海苔片，另剪出五官，再准备2条长海苔片；胡萝卜片用小吸管压成圆片，当作腮红。

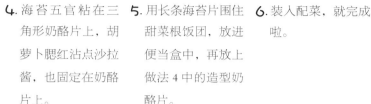

4. 海苔五官粘在三角形奶酪片上，胡萝卜腮红沾点沙拉酱，也固定在奶酪片上。

5. 用长条海苔片围住甜菜根饭团，放进便当盒中，再放上做法4中的造型奶酪片。

6. 装入配菜，就完成啦。

配菜

烤香菇

 约5分钟　1人份

材料
干香菇2～3朵

调味料
盐适量

做法

1. 干香菇先完全泡软。

2. 香菇皱褶面朝上，送进烤箱里以180℃烤3分钟后，在上面撒盐，再继续烤2分钟。

凉拌芦笋

约3分钟　1人份

材料
芦笋3根，
橄榄油适量

调味料
盐1/4小匙，
黑胡椒碎少许，
奶酪粉适量

做法

1. 芦笋切段，放入滚水中焯烫后捞起。

2. 芦笋放碗内，拌入橄榄油、盐、黑胡椒碎及奶酪粉调味。

Part 3.
创造属于自己的动物园!
动物造型便当

熊猫、黑熊、小海豹、小兔子……

不用去动物园,

打开便当就可以看到孩子最爱的超人气动物明星!

再挑食的孩子都会把便当吃个精光吧。

熊猫与黑熊

可爱的熊猫与黑熊是好朋友，面无表情的脸蛋与黑白交替的配色，形成有趣的画面，光是搭配海苔就足以让米饭的美味度提升好几倍！

造型

材料

米饭

海苔

奶酪片

沙拉酱

1. 米饭分成两等份，分别捏成正方形；另外准备一片足够包裹黑熊头部的海苔。

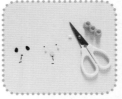

2. 在海苔上剪出熊猫与黑熊的五官；利用吸管在奶酪片上压出黑熊的眼睛跟鼻子，眼睛用小吸管，鼻子用一般吸管。

3. 用海苔对折的方式剪出 4 片耳朵，其中 2 片黑熊耳朵叠在奶酪片上，用牙签或牙线棒尾端留边裁切。

4. 用大片海苔包裹住饭团，就成了黑熊的肤色，再把准备好的配件沾沙拉酱，贴于熊猫和黑熊的脸部。

5. 加上配菜就全部完成了。

Tips

· 饭团不需捏得太方正，直接捏成圆球状也行。

· 黑熊的眼睛利用奶酪片来制作，是为了区分颜色。这样才不会使眼睛、皮肤都黑漆漆的。

 配菜

南瓜茶巾
约 35 分钟　1 人份

材料
南瓜 1/2 个（约 220 克），薄荷叶少许

调味料
糖 1/2 小匙，黑芝麻少许

做法

1. 南瓜去皮，去瓤，切小块，放入预热好的烤箱中以 200℃烤 30 分钟（每台烤箱功率不同，时间与温度仅供参考）。

2. 取出南瓜，将其压成泥，拌入糖搅匀，用保鲜膜包紧，扭转成型，再轻轻拆开，最后撒上黑芝麻及薄荷叶装饰。

彩椒炒芦笋
约 5 分钟　2 人份

材料
芦笋 10 支，红椒 1/2 个，黄椒 1/2 个，姜 3 ~ 4 片

调味料
盐 1/4 小匙，香菇粉少许

做法

1. 红椒、黄椒切细条；芦笋洗净，削去尾部硬皮后切段，放入滚水中焯烫。

2. 热锅，爆香姜片，先下芦笋略炒，再放彩椒、调味料与适量水炒熟即可。

短耳小白兔

将饭团中间压凹并捏出形状，就完成了简单又不需任何拼凑的小兔子造型，搭配上粉色配菜杯和便当盒，小女孩会喜欢的造型便当轻松完成。

材料

米饭

海苔

番茄酱

沙拉酱

1. 米饭放凉后用保鲜膜包起，先稍微捏圆，再慢慢捏出 U 型耳朵。

2. 把做法 1 中的饭团先放入配菜杯中，再放进便当盒中。

3. 在海苔上剪出眼睛、睫毛、鼻子、嘴巴。

4. 在饭团上对好位置，沾些沙拉酱将五官贴上，想加腮红就沾上番茄酱，简单又可爱的小兔子就完成了。

配菜

奶油煎地瓜片

约5分钟 · 1人份

芹菜炒豆干

约3分钟 · 1人份

材料
地瓜 1/2 个，
奶油 10 克

调味料
盐 1/4 小匙，
黑芝麻少许

做法

1. 地瓜去皮，切片。

2. 热锅，放进奶油块，待奶油融化后放入地瓜片，以小火将两面煎熟，撒上盐调味，最后再撒上黑芝麻。

材料
芹菜 70 克，豆干 2 块，
辣椒 1 个

调味料
盐 1/4 匙，糖少许，
香油少许

做法

1. 辣椒去籽，切丝；豆干切条；芹菜切段，放入热锅中，加适量水翻炒。

2. 下豆干翻炒，加入盐和糖，与辣椒丝拌炒均匀，起锅前淋些香油。

汪汪吐司沙拉

你想过吐司和吐司边竟然这么好用吗？蔬果沙拉的好伙伴之一就是吐司，除了拿来组合成小狗造型外，你还能想到哪些创意点子呢？一起来挑战吧！

造型

材料

吐司

海苔

奶酪片

沙拉酱

1. 用便当盒比对出要裁切掉的吐司宽度。

2. 裁好宽度后去吐司边，将吐司再对切成2片，堆叠在一起。

3. 在海苔上剪出小狗的眼睛、鼻子、嘴巴。

来组合喽！

Tips

　　两片吐司中间可涂抹自己喜爱的果酱。

4. 奶酪片裁成一个装的下海苔鼻子跟嘴巴的圆形或椭圆，接着用吐司边切出2个长方形当小狗的耳朵。

5. 找出最可爱的位置，将海苔、奶酪五官及吐司边耳朵沾点沙拉酱贴在吐司上。

6. 将配菜装进便当盒中，再把造型小狗放入就完成了。

配菜

生菜沙拉

 约3分钟　 1人份

材料

生菜2片，玉米粒3大匙，小番茄5个，小黄瓜20克，紫甘蓝适量（配色用），橄榄油1大匙

调味料

白醋1大匙，糖1/2小匙，盐1/4小匙，黑胡椒碎适量

做法

1. 生菜洗净，撕成方便入口的适当大小（洗净的生菜泡一下冰水，口感会更加爽脆）；小黄瓜切细条；小番茄对半切；紫甘蓝切丝。

2. 上述蔬菜与玉米粒放在一起，淋上橄榄油、醋，加糖、盐，撒适量黑胡椒碎即完成。

天然呆小黑猫

只需剪海苔并使用吸管压出的小奶酪片，就可以完成小黑猫造型。而且这个便当的制作非常快速，只要在前一天备好配件，当天就可以快速组合完成。时间若不是那么充裕，就做这个吧！

材料

米饭

海苔

奶酪片

沙拉酱

1. 米饭铺平在便当中，作为底色。

2. 海苔对折，用剪刀剪出猫咪的半边轮廓。

Tips

可依个人喜好装入自己爱吃的配菜。

3. 继续在海苔上剪出6根胡须、2颗黑眼珠；用两种不同大小的吸管在奶酪片上压出3片圆片当眼白以及小鼻子。

4. 先把做法2的猫咪海苔置于米饭上，再以沙拉酱作为黏着剂，贴上鼻子、眼白、黑眼珠、胡须就完成了。

配菜

毛豆炒豆干
🕐 约5分钟 😊 1人份

材料
香菇6朵，豆干2块，
毛豆20克

调味料
盐1/4匙

做法

1. 毛豆先用滚水煮过；香菇用手撕碎后，下锅炒香（若使用干香菇，需先泡软）。

2. 下豆干略炒，再放毛豆，加盐与适量水，炒至汤汁收干即可。

清炒胡萝卜土豆
🕐 约7分钟 😊 1人份

材料
胡萝卜30克，
土豆60克

调味料
盐1/4小匙

做法

1. 土豆切块；胡萝卜切厚片并压出造型，下锅略炒，再放土豆一起炒，加水焖煮数分钟。

2. 撒上盐炒至收汁即可。（这两种食材本身具有甜味，所以无需加糖。）

忙碌小蜜蜂

直接用奶酪加海苔片完成的小蜜蜂，无论是米饭、面食、吐司餐包、还是比萨等料理，通通可以搭配它做造型，简单又方便。

造型

材料

米饭

奶酪片

海苔

番茄酱

雪白菇

沙拉酱

1. 取适量米饭，放凉后用保鲜膜包起，捏成圆球饭团。

2. 把米饭团先放进便当盒中。

3. 用海苔剪出蜜蜂身上的纹路，及蜜蜂侧面所需的眼睛、嘴巴各一个；用牙签在奶酪片上裁出一椭圆形当蜜蜂身体；装入配菜后，将奶酪片置于米饭上，再一一将剪好的海苔配件沾些沙拉酱贴上。

4. 雪白菇切成两半，放在奶酪片上当蜜蜂翅膀；脸颊点上番茄酱腮红即成。

配菜

土豆煎饼
约 10 分钟　1 人份

材料
土豆 80 克，
地瓜粉 2 小匙

调味料
盐 1/4 小匙，奶酪粉少许，
黑胡椒碎少许

做法

1. 土豆去皮，刨成丝，加入地瓜粉和盐搅拌均匀，做成饼。

2. 将土豆饼下油锅煎熟，起锅前撒奶酪粉和黑胡椒碎即可盛盘。

三色毛豆
约 5 分钟　1 人份

材料
毛豆 30 克，胡萝卜 30 克，
雪白菇 30 克，玉米粒 20 克

调味料
盐 1/4 小匙

做法

1. 雪白菇切除根部，用手剥成小朵后切小段；胡萝卜切丁；将胡萝卜跟毛豆事先焯烫好（焯烫后比较容易炒软）。

2. 热锅，加入雪白菇炒香，再下胡萝卜、毛豆、玉米粒拌炒，加适量水和盐炒至收汁。

温驯小老虎

来驯服凶猛的老虎吧！用姜黄饭制作的小老虎，装进便当盒后变得可爱温驯多了，不用特地去动物园就能近距离接触。

材料

米饭

姜黄饭

海苔

胡萝卜

意大利面条

沙拉酱

大黄圆球是老虎头、2颗小黄圆球是耳朵。

7. 备好姜黄饭与米饭，用姜黄饭做出一大两小的饭团；用少量米饭捏出1颗小圆球鼻子；用保鲜膜将大的姜黄饭团与米饭包在一起压紧，避免分离。

2. 海苔上剪出老虎的眼睛、鼻子、左右共 4 根胡子，以及额头上的 3 条纹路，再用吸管压出 2 片胡萝卜圆片。

3. 把老虎头饭团放入便当盒中后，用干燥或炸过的意大利面条衔接上耳朵。

4. 准备好的配菜装进便当盒中；把做法 2 中的五官配件沾少许沙拉酱，贴在老虎脸上就完成了。

 配菜

黄瓜炒魔芋
🕐 约 5 分钟 👧 1 人份

材料
小黄瓜 30 克，胡萝卜 30 克，魔芋 50 克

调味料
盐 1/4 小匙，香油少许

做法

1. 胡萝卜和小黄瓜切丁；魔芋用手撕成小块，与胡萝卜一起放进热锅中，加水焖煮约 3 分钟。

2. 放小黄瓜略炒，加盐炒至收汁，起锅前淋上香油即可。

煎豆腐
🕐 约 10 分钟 👧 1 人份

材料
北豆腐 200 克，辣椒 1/2 个

调味料
酱油 1 大匙，糖 1/2 小匙，香油少许

做法

1. 辣椒切段；豆腐擦干水后切片或切成三角形，下锅煎至两面金黄后起锅。

2. 锅中放辣椒炒一下，加适量水、酱油和糖，煮滚后放豆腐，至汤汁收干后淋上香油，起锅。

黄色小象

大象变小象，塞在饭盒里跟你 say hello(说"你好"）！打开饭盒，小象仿佛要伸长鼻子与你来个热情的问候！

造型

材料

姜黄饭

海苔

胡萝卜

沙拉酱

1. 用姜黄饭分别捏出 1 个椭圆形、1 个长条形、2 个圆球，将圆球饭团的一侧压出耳朵凹洞。

2. 剪出 2 条细长方型海苔及片圆形海苔；用吸管在胡萝卜上压出圆片。

122

3. 先在便当盒中放入 2 个耳朵。

4. 再放上象头与鼻子。

5. 将做法 2 中的配件沾沙拉酱，贴在姜黄饭上，放进配菜即完成。

 配菜

三杯豆肠
约 10 分钟　1 人份

材料
豆肠 100 克，
姜片 20 克，
小香菇 5 朵，
辣椒 1 个

调味料
酱油 1 大匙，
糖 1 小匙，
香油适量，
九层塔适量

做法

1. 豆肠切段；香菇用手撕成小块；用香油热锅，小火慢煎姜片爆香，再加入香菇炒香。

2. 加糖和酱油略炒，再放入豆肠拌炒至汤汁收干，最后放九层塔及辣椒，炒熟即可。

毛豆炒三蔬
约 5 分钟　1 人份

材料
毛豆 30 克，
胡萝卜 20 克，
土豆 20 克，
玉米粒 20 克

调味料
盐 1/4 小匙

做法

1. 配合毛豆与玉米粒大小，将胡萝卜、土豆切丁；毛豆先以滚水煮过。

2. 热锅先炒胡萝卜，再放土豆及玉米粒拌炒，最后加入毛豆、适量水和盐翻炒至收汁。

动物造型便当

123

松鼠沙拉吐司

包着土豆沙拉的吐司卷……卷……卷起来，放上松鼠五官就成了拉宽比例的大脸颊松鼠，也可用同样方法完成其他可爱的小动物哦！

材料

全麦吐司

海苔

奶酪片

沙拉酱

1. 吐司切去边后，在中间放上土豆沙拉。

2. 从一端慢慢卷起，卷好后用保鲜膜包裹固定。

3. 抽掉保鲜膜后，再将吐司卷放进餐盒里。

4. 接着准备松鼠的五官。用大吸管压出2片奶酪圆片，一个当鼻子，一个对切当耳朵；在海苔上剪出眼睛、鼻子以及松鼠额头上的花纹。

5. 将做法4中的配件沾少许沙拉酱，贴于卷好的吐司上。

6. 依自己喜好调整五官位置。

7. 把切成小块的蔬果放进餐盒，水果吐司便当就完成了。

Tips

五官位置不同，整体感觉也会不一样，可以自己试试。

 配菜

土豆沙拉
约15分钟　1人份

材料
土豆1个，胡萝卜50克，玉米粒50克

调味料
沙拉酱30克

做法

1. 土豆切大块；胡萝卜切丁；煮一锅滚水，煮软土豆与胡萝卜。

2. 将煮软的土豆压成泥。

3. 拌入胡萝卜、玉米粒、沙拉酱，搅拌均匀即可。

乳牛素柳饭

快来动手做超可爱的乳牛饭，这可是经典图案哟！发挥创意做出各种形状的海苔片，再把它们组合起来，乳牛的感觉就出来了。我想，加几片小熊、猫咪等造型海苔应该也不错。

造型

材料

米饭

海苔

沙拉酱

1. 取适量米饭，放凉后用保鲜膜包起来。

2. 米饭放进便当中调整形状。

3. 在烘焙纸上画出乳牛身上的斑点，并用剪刀剪下。

4. 做法 3 中的烘焙纸衬在海苔片上，剪出乳牛斑点形状的海苔片。

5. 做法 2 中的米饭去掉保鲜膜，装进便当容器中。

6. 乳牛斑点海苔片沾些沙拉酱贴在米饭上。

7. 装入准备好的配菜即完成。

配菜

黑胡椒素牛柳
约 5 分钟　1 人份

材料

豆枝 20 克，红甜椒 20 克，青椒 20 克，大香菇 1 朵

调味料

素蚝油 1/2 大匙，酱油膏 1/2 大匙，糖 1/2 小匙，番茄酱 1/2 小匙，黑胡椒碎 1/2 小匙，水淀粉少许

做法

1. 豆枝和香菇用热水泡软，挤干水，备用；红甜椒、青椒、香菇切丝。

2. 炒香黑胡椒碎后，加入香菇一起炒。

3. 加素蚝油、酱油膏、糖、番茄酱与适量水，加入红甜椒、青椒、豆枝，用小火煮 3 ~ 4 分钟，起锅前淋水淀粉勾芡。

亮眼小瓢虫

黑、红对比强烈的瓢虫造型饭团，把配件拆解就一目了然，其实很容易制作哦！色彩鲜明又可爱的造型特别吸引目光。

材料

米饭

甜菜根汤汁

海苔

奶酪片

沙拉酱

1. 米饭拌入一些甜菜根汤汁。

2. 用保鲜膜包起捏成球状。

3. 用海苔和奶酪片制作瓢虫身上的圆点、线条、眼睛等配件。

128

4. 方形海苔片边缘先剪出一些缺口，再顺着饭团形状将顶部完全包裹，包上保鲜膜固定。

5. 拆开保鲜膜，在中心位置垂直贴上长条海苔；圆点配件沾些沙拉酱贴在身体上。

6. 最后在头部贴上眼睛即完成。

Tips

制作瓢虫身上的配件时，可将海苔对折直接剪出多个圆片，并利用大吸管压出奶酪圆片。

配菜

{ 奶油煎吐司 }
⏱ 约5分钟　😊 1人份

材料
吐司 2 片，
奶油 20 克

调味料
砂糖 5 克

做法

1. 将奶油放入热锅中融化。

2. 吐司切边后撒上砂糖，放入锅中煎至两面金黄色，再切成小块。

{ 豆芽炒地瓜叶 }
⏱ 约3分钟　😊 1人份

材料
豆芽 30 克，
地瓜叶 40 克

调味料
盐 1/4 小匙，
香菇粉少许

做法

1. 豆芽去除头尾；地瓜叶择去粗梗；热锅后将豆芽略炒，起锅备用。

2. 地瓜叶放入锅中炒，再下豆芽和调味料翻炒均匀。

熊猫宝贝

熊猫正在开放参观。市面上有许多熊猫造型工具可以利用，若手边没现成工具，也可以自己捏哦！不用去动物园，就可以看到熊猫宝贝，拥有愉悦好心情！

造型

材料

米饭

海苔

胡萝卜

沙拉酱

1.将米饭捏成2颗椭圆形饭团。

2.在海苔上剪出熊猫的五官跟□体配件；胡萝卜切薄片后用□管压出圆片腮红。

3. 利用沙拉酱当黏合剂，先把熊猫的黑色线条横贴于饭团中间，再把鼻子贴于上半部的中心位置，眼睛、嘴巴依序贴上，耳朵放在偏头顶处，最后将胡萝卜贴于脸颊上。

4. 完成的造型熊猫放入便当盒里。

5. 装入准备好的配菜即成。

 配菜

奶油炒蘑菇
🕐 约5分钟 😊 1人份

材料
蘑菇 3 朵，
青椒 25 克，
红彩椒 25 克，
奶油 10 克
调味料
盐适量

做法

1. 蘑菇切片；青椒和红彩椒切小块。

2. 热锅，放入奶油使其融化，并炒香蘑菇。

3. 其他食材加进去，再撒适量盐翻炒均匀。

卤油豆腐
🕐 约20分钟 😊 1人份

材料
油豆腐 100 克，
姜 4 ~ 5 片

调味料
糖 2 小匙，
酱油 2 大匙

做法

1. 姜片爆香，加糖拌炒至糖化开，再倒入酱油和水。

2. 放入油豆腐，以小火慢煮 15 分钟即可（想更入味可以多放一会儿）。

黑鼻绵羊

用云朵形压模在吐司上压出羊毛造型，中间再贴上脸部配件就好啦！压模工具快速又方便，做饼干时也可以派上用场，你也可以在吐司、饼干之间夹上喜欢的配料，增加味觉的层次感哦。

材料

吐司

海苔

奶酪片

沙拉酱

1. 用云朵形状的压模将吐司压出造型。

2. 在海苔上剪下小羊头部形状（如图）；用吸管在奶酪片上压出圆片，并用剪刀在海苔上剪出圆片，完成眼睛配件。

3. 把小羊的头部贴在吐司中间，接着叠上沾了沙拉酱的奶酪圆片、海苔圆片。

4. 配菜装入餐盒中；放入水果。

5. 将小羊吐司和造型蔬菜摆进去就完成了。

Tips　两片吐司中间可涂抹自己喜爱的果酱。

 配菜

凉拌粉丝
约5分钟　2人份

材料

粉丝 1 把，小黄瓜 30 克，

紫甘蓝 30 克，红彩椒 30 克

调味料

香油 1 小匙，盐 1 小匙，

糖 1 大匙，白醋 1 大匙

做法

1. 煮一锅滚水，将粉丝煮至软，捞起沥干，备用。

2. 小黄瓜、红彩椒、紫甘蓝洗净后切成丝，放入碗中。

3. 加入粉丝、调味料，一起拌匀即可。

熊熊汉堡

我的汉堡和别人不一样！用超简单的免揉面包，完成可爱的小熊造型汉堡，也可直接烤出圆面包，然后用意大利面条衔接素热狗当小熊耳朵。

造型

材料

免揉面包面团

海苔

奶酪片

沙拉酱

1. 先制作好免揉面包的面团。

2. 手上沾些面粉，取面团捏出1颗大圆、2颗小圆，沾少许水衔接头部与耳朵，放入已预热的烤箱，以180℃烤25分钟。

3. 海苔剪成小熊的眼睛、鼻子、嘴巴，再用牙签在奶酪片上裁出 1 个圆片。

4. 取出烤好的面包，用面包刀将其横切两半，两片面包间夹上汉堡配料。

5. 备好的五官沾少许沙拉酱贴于面包上。

Tips

· 每台烤箱的功率不同，时间与温度仅供参考。
· 免揉面包的面团做法可参考 p.21。

 配菜

山药豆腐排
约10分钟　1人份

材料

山药 100 克，北豆腐 100 克，面包糠 30 克，蘑菇 2 朵

调味料

盐 1/2 小匙，白胡椒粉少许，
酱油 1 大匙，水淀粉（淀粉：水＝ 3:1）

做法

1. 山药削皮，切小块，放入果汁机打成泥（也可以用研磨的方法）；北豆腐用刀背压碎，用棉布挤干水分。

2. 蘑菇切碎，和山药泥、面包糠一起放入碎豆腐中，加入盐、白胡椒粉，捏成圆饼。

3. 热锅，放入豆腐饼煎至金黄，接着加入酱油、水、水淀粉，让豆腐饼吸收酱汁，煮至入味。

没有人抵挡得了圆滚滚的可爱小狗！利用酱油进行耳朵部位的染色，或是直接以米饭做造型，也可以整个造型都用酱油饭完成，三种变化任选一种，快来创作属于自己的小狗吧！

材料

米饭

酱油

海苔

意大利面条

沙拉酱

番茄酱

1. 准备适量米饭。

2. 用保鲜膜包起米饭，把米饭捏成圆球。

3. 取少量米饭，拌入酱油染成咖啡色。

4. 酱油饭捏成 2 个等量的长条形，作为小狗的耳朵。

5. 保鲜膜拆开前先对好位置，调整好比例，看是否需修改大小。

6. 将海苔对折，用剪刀剪出眼睛、鼻子、嘴巴。

7. 将做法 2 中的饭团（头部）放进便当盒中，决定好位置。再利用干燥或炸过的意大利面条，衔接酱油饭团（耳朵）。

8. 准备好的配菜放入便当中，海苔五官沾少许沙拉酱，贴于饭团上；脸部沾点番茄酱作为腮红即成。

玉米可乐饼

约15分钟　2~3人份

材料
土豆1个，面包糠适量，
玉米粒3~4大匙，
无蛋沙拉酱适量，
低筋面粉少许

调味料
盐1/4小匙

做法

1. 土豆削皮，切片，用滚水煮软后趁热压成泥，加盐及玉米粒搅拌均匀。

2. 取适量土豆泥，捏成球状，再压扁制成饼，依次裹上薄薄一层低筋面粉、沙拉酱、面包糠。

3. 可乐饼放入160℃的油中，炸至金黄色即可夹出。（也可直接将面包糠放入锅中，以小火翻炒至上色，再将可乐饼蘸满炒过的面包糠，放入烤箱烤成金黄色即可。）

彩椒炒袖珍菇

约3分钟　2人份

材料
红椒1/2个，
黄椒1/2个，
袖珍菇10朵

调味料
盐1/4小匙，
香菇粉1/4小匙，
香油少许

做法

1. 袖珍菇用手撕成小片；黄椒、红椒切丁。

2. 热锅，先下袖珍菇炒出香气来，再放红椒、黄椒，加盐、香菇粉和适量水拌炒，起锅前淋香油即成。

活泼大耳猴

你喜欢动物园里的哪种动物呢？我们来邀请小猴子到便当盒中玩耍吧！捏成心形的白色米饭及大大的耳朵是不是让小猴子更活灵活现了呢？一起试着做做看吧！

材料

米饭

酱油

海苔

番茄酱

意大利面条

沙拉酱

1. 准备 2 份差不多大小的饭团，其中一份以少许酱油染成咖啡色。

2. 米饭团包上保鲜膜，捏成圆形。

3. 米饭团压扁后捏成心形；酱油饭捏成圆球后将下方压扁，压出一个凹洞，做出合并米饭团的空间。

4. 比较两个饭团的形状、大小，调整好尺寸（避免饭团合并后，米饭团显得太突出）。

5. 再取适量酱油饭，分成两等份，分别用保鲜膜包住，捏成圆球。

6. 心形饭团与压出凹洞的酱油饭团合并；把做法 5 中的饭团底部压平（压平处为衔接头部的地方）。

7. 海苔对折，用剪刀剪出猴子五官。

8. 将猴子头放进便当盒中，摆放好位置。

有配菜
支撑不容易塌。

9. 装入配菜，再用炸过的意大利面条衔接耳朵。

10. 剪好的海苔五官，沾点沙拉酱贴于脸部，再点上番茄酱腮红即成。

配菜

炒芹菜

约3分钟　2人份

材料
芹菜 95 克，
胡萝卜 80 克，
袖珍菇 60 克

调味料
盐 1/4 小匙，
香菇粉 1/4 小匙

做法

1. 胡萝卜切条；袖珍菇用手撕成小片；芹菜择去老叶（嫩芹菜叶可以留下），梗切段。

2. 热油，先炒袖珍菇跟胡萝卜，接着下芹菜梗略炒，最后下芹菜叶，加些水，放入调味料拌炒均匀。

炸卷心菜

约5分钟　2～3人份

材料
卷心菜 50 克

面糊材料
低筋面粉 60 克，
地瓜粉 10 克，
色拉油 10 克，
盐 1/2 小匙，
冰水 30 克

做法

1. 卷心菜切碎；面糊材料混合调好，拌入卷心菜中。

2. 热锅，取适量卷心菜放入锅中用油炸熟。

紫色小熊

用天然蔬菜搭配造型饭团，再将红凤菜汤汁藏于饭团中，让小朋友不知不觉地吃下肚，无形中摄取均衡营养，拥有健康好活力。

造型

材料

米饭

红凤菜汤汁

海苔

奶酪片

沙拉酱

意大利面条

1. 米饭与红凤菜汤汁搅拌均匀。

2. 红凤菜饭捏成 1 颗大圆球（小熊头部）、2 颗小圆球（耳朵）。

3. 用剪刀在海苔上剪出五官，用吸管在奶酪片上压出 3 个圆片，其中 2 片把边缘切平（当作耳朵）。

4. 大圆球饭团放进便当盒中确定好位置。

5. 利用干燥或炸过的意大利面条，衔接上耳朵；放入配菜；以沙拉酱为黏合剂，在饭团中心贴上圆形奶酪片当鼻子，再贴上海苔五官，并把另外 2 片奶酪贴在耳朵上。

 奶酪片加热后会稍微融化，改用米饭替代也可以。

奶油炒玉米

🕐 约 3 分钟　👦 1 人份

材料

玉米粒 3 大匙，
奶油 5 克

调味料

黑胡椒碎少许

做法

1. 热锅，将奶油融化。

2. 放入玉米粒，撒上黑胡椒碎与奶油一起炒匀即可。

奶酪西蓝花

🕐 约 3 分钟　👦 1 人份

材料

西蓝花 3 ～ 4 朵

调味料

盐少许，
白胡椒粉少许，
橄榄油 1/4 小匙，
奶酪粉适量

做法

1. 煮一锅滚水，放入西蓝花焯烫。

2. 捞起西蓝花，沥干水，加盐、白胡椒粉、橄榄油拌匀，最后撒上奶酪粉即可。

蔬菜卷饼

🕐 约 10 分钟　👦 1 人份

材料

胡萝卜 25 克，
芦笋 2 根，
绿豆芽 20 克，
低筋面粉 50 克，
地瓜粉 10 克

调味料

盐 1/2 小匙

做法

1. 将面粉、地瓜粉、盐加入适量水调成面糊，倒进热锅中煎好备用（饼皮厚度依个人喜好决定，想煎薄一点就分两次煎）。

2. 胡萝卜切条；芦笋削去粗皮后切段；豆芽去除头尾；煮一锅滚水将食材烫熟，捞起泡冷水后，沥干水。

3. 饼皮抹些番茄酱，于饼中间放上做法 2 中的食材，再将饼皮卷起即可。

小鸡与小熊

利用染色好帮手——酱油做出小熊的肤色，用玉米粒做出小鸡嘴巴，用海苔做成小鸡与小熊的眼睛，轻轻松松就完成活灵活现的造型，小动物数量多，感觉就更可爱了！

材料

米饭

酱油

海苔

奶酪片

胡萝卜

玉米粒

沙拉酱

红色造型叉或红彩椒

意大利面条

1. 小熊的咖啡色肤色，用酱油染米饭来完成。

2. 准备 3 颗圆形饭团，小鸡用米饭（2 个）、小熊用酱油饭（1 个），另外再捏 2 个小酱油饭团，当作小熊的耳朵。

3. 准备鸡冠，直接用红色造型叉最方便，若没有就用红色彩椒切出爱心形状。

4. 在海苔上剪出所需的五官，3 只小动物共需 6 只眼睛，鼻子和嘴巴只需准备小熊的就可以了。

5. 用吸管压出胡萝卜圆片当腮红；大吸管压出奶酪圆片制作鼻子；准备玉米粒及爱心叉当作小鸡的嘴巴与鸡冠（图中圆圈内是小熊的五官配件）。

6. 饭团放入便当盒中，调整好位置，先装进配菜再贴上五官，就不必担心造型被碰坏。

7. 小熊耳朵用干燥或炸过的意大利面条衔接上，再把所有五官配件沾少许沙拉酱贴在各个饭团上就完成了。

Tips

小鸡嘴巴也可用胡萝卜来代替。

配菜

炒双菇
🕐 约 5 分钟 👧 1 人份

材料
蟹味菇 30 克，
雪白菇 40 克，
玉米笋 2 支

调味料
盐 1/4 小匙，
素蚝油 1 小匙

做法

1. 玉米笋切小段；两
   种菇类去蒂头，撕
   成小片（若觉得太
   大可再切段）。

2. 热锅先放入蟹味
   菇、雪白菇炒香，
   再加入玉米笋及调
   味料一起炒至收汁。

煎豆干
🕐 约 5 分钟 👧 1 人份

材料
豆干 4 块

调味料
盐 1/2 小匙，
糖 1 小匙，
酱油适量

做法

1. 小火将豆干煎至两
   面微焦（或事先
   炸过，更容易入
   味）。

2. 加入盐、糖、酱油
   和适量水，焖煮至
   收汁。

粉红小兔

将小兔子用粉红色的便当盒装起来，超级可爱！兔耳朵与头部用不同的饭团，最后再用意大利面条衔接，加上五官和蝴蝶结装饰，就完成了女孩子最爱的粉红小兔。

造型

材料

米饭

海苔

意大利面条

沙拉酱

胡萝卜

青豆仁

1. 捏出一大两小的饭团，大颗捏成圆球当兔子头，小颗捏成椭圆形当兔耳朵。

2. 先把头部的饭团放进便当盒中。

3. 在海苔上剪出兔子的眼睛、嘴巴、睫毛。

4. 将做法3中的配件沾些沙拉酱贴于饭团上，装入配菜后用意大利面条衔接兔耳。

5. 接着制作兔子旁边的胡萝卜，首先用刀切出长方块的胡萝卜。

6. 用刀削出胡萝卜的大致形状，再小心翼翼地刻出纹路。

7. 用意大利面条把青豆仁、胡萝卜衔接起来，再放入便当盒中就完成了。

Tips

· 为了避免耳朵被碰撞到，所以放入配菜后才接上兔耳朵。

· 兔耳朵的大小与摆放位置都会影响呈现出来的感觉，建议边做边调整到自己喜欢的样子。

149

配菜

地瓜豆包
⏱ 约3分钟　👶 2人份

芦笋炒蟹味菇
⏱ 约3分钟　👶 1人份

材料
豆皮 3 片，
地瓜 1 个，
水淀粉适量

调味料
盐少许，
黑胡椒碎适量，
白芝麻适量

材料
芦笋 4 根，
胡萝卜 30 克，
蟹味菇 80 克

调味料
盐 1/4 小匙，
香菇粉少许

做法

1. 地瓜蒸熟，取出压成泥，加盐搅拌均匀，备用。

2. 湿豆皮摊开，撒上黑胡椒碎，铺上地瓜泥；三边开口抹上调好的水淀粉粘合起来，豆皮表面也抹上水淀粉，撒上熟白芝麻。

3. 下锅煎至金黄色。

做法

1. 芦笋切段；胡萝卜切条；芦笋及胡萝卜段皆放入滚水中焯烫。

2. 热锅，先炒香蟹味菇，再下胡萝卜、芦笋，加盐、香菇粉及适量水炒至汤汁收干。

顽皮小海豹

圆滚滚的大眼睛配上无辜的眼神，真是太萌啦！无敌可爱的雪白小海豹做起来真的非常简单，只要直接用米饭捏成球状，再贴上海苔五官就可以完成了。

造型

材料

米饭

海苔

沙拉酱

1. 取适量米饭，放凉后用保鲜膜包起，捏成圆球饭团。

2. 用剪刀在海苔上剪出五官，相同的图案可将海苔对折，再一次性剪出。

3. 用夹子夹起五官，将配件沾少许沙拉酱一一贴在饭团上。

4. 小海豹放入便当盒中，确定好位置。

5. 剩余的空间装入配菜，再以体型较小的蔬果填补空隙即可。

Tips

· 海苔五官也可使用压模压出，再加以修剪制作。

· 可将饭团移到配菜杯中，再放入便当盒里调整位置，避免手部粘上饭粒。

配菜

炒胡萝卜

⏱ 约3分钟　👦 1人份

材料
胡萝卜 40 克

调味料
白芝麻少许，
盐 1/4 小匙

做法

1. 胡萝卜去皮，刨成丝。

2. 热锅，放入胡萝卜及适量水炒至软，再放盐调味，最后撒上少许白芝麻即成。

红烧南瓜

⏱ 约5分钟　👦 1人份

材料
南瓜 80 克

调味料
酱油 1/2 小匙，
糖 1 小匙

做法

1. 南瓜用手或汤匙去瓤，切丁。

2. 南瓜入锅煎至微焦，放调味料和适量水后翻炒至收汁。

酥炸茭白

⏱ 约5分钟　👦 1人份

材料
茭白 1 条，
低筋面粉少许，
面包糠适量，
沙拉酱少许

做法

1. 茭白中间划上刀痕以去除外皮，再削去粗糙部分。

2. 依序蘸上面粉、沙拉酱、面包糠，稍微压一下，放入 170℃ 左右的热油中炸至金黄色即可。

Part 4.

迎接特别的日子！

节庆造型便当

一年中有许多重要的日子，

大至中秋节、圣诞节、新年，

小至生日、运动会……

每个有意义的日子都值得纪念。

独特的日子里当然也要有特别的便当啦，

就让中秋节玉兔、端午节龙舟、

圣诞老公公、财神爷陪孩子一起过节吧！

花火节

烟火也能变身造型餐点，用容易取得的海苔片当黑色夜空，然后把各种颜色的食材拿出来（要压好形状），拼凑出一场绚丽的烟火秀！

造型

材料

米饭

海苔

黄萝卜

胡萝卜

奶酪片

1. 用水滴形压模在黄萝卜片上压出形状，再用压模边缘处，于同片食材的左右各压出一片花瓣图形。

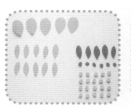

2. 备齐所有烟火配件，共有水滴形、细长形、小吸管压出的圆形三种。

3. 米饭用保鲜膜包起，捏成3颗大小相同的圆球。

4. 准备 3 张海苔片，海苔片必须是能够完整包住饭团的尺寸。

5. 把饭团用海苔片包起来。

6. 将海苔饭团装进便当盒内。

7. 放上水滴形和细长形配件，摆放成黄色烟火。

Tips

若担心配件食材移位，可事先在各配件上沾少许沙拉酱再贴在饭团上。

8. 放上细长形及圆形胡萝卜配件。

9. 穿插放入不同大小的奶酪、胡萝卜圆片，让烟火有变化，再装入配菜即成。

配菜

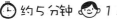
菠菜炒坚果
约 5 分钟　1 人份

材料
菠菜 60 克，
综合坚果 25 克，
小番茄 2 ~ 3 个
调味料
辣椒粉适量，
盐 1/4 小匙，
黑胡椒碎适量

做法

1. 番茄去皮，切碎，入锅略炒后盛出，备用。

2. 菠菜洗净，切段，放入锅中略炒，加辣椒粉拌炒至软。

3. 加适量水、番茄、坚果拌炒均匀，最后撒盐和黑胡椒碎调味。

生日蛋糕

把米饭变成甜点造型，做出不一样的生日蛋糕！宝贝的年龄数字可自由替换，米饭刻意叠成上下两层，看起来更立体了！爱心满满的造型便当，就是最好的生日礼物。

材料

米饭

奶酪片

青豆仁

玉米粒

1. 取适量米饭放在保鲜膜上。

2. 米饭略分成 3 : 2 的大小，大的制作蛋糕底层，小的制作蛋糕上层。

3. 把 2 颗饭团包紧，捏成圆球。

4. 2颗圆球饭团都压成圆饼状，边缘稍微做成直角。

5. 烘焙纸上画出数字6并将其剪下。

6. 剪下的纸叠在奶酪片上，用牙签沿着轮廓裁出数字。

7. 把做法4中完成的大圆饼饭团先放进便当中，再叠上完成的小圆饼饭团。

8. 准备好的配菜装入便当盒中。

9. 在大蛋糕边缘放上青豆仁及玉米粒作为装饰。

10. 把数字6奶酪片放在最上面就完成了。

Tips

蛋糕上的数字可用牙签在奶酪片上裁切，也可以使用压模工具直接压出来。

配菜

雪里蕻炒豆干

约3分钟　1人份

材料

雪里蕻 40 克，
胡萝卜 10 克，
豆干 30 克

做法

1. 豆干、胡萝卜切丁；雪里蕻切小段；热锅，放入豆干炒至微焦。

2. 依序放入胡萝卜、雪里蕻下锅翻炒。

樱花季

赏樱花不需人挤人，带着便当就能够慢慢欣赏。用刷子把甜菜根汤汁刷在米饭上，颜色深浅可自行控制，还能刷出渐变色樱花，点缀上造型蔬菜，让便当更丰富了。

材料
米饭
甜菜根汤汁

1. 先取适量米饭，用保鲜膜包紧，捏成球状。

2. 把饭团捏成椭圆形，再将其中一端压出凹洞。

3. 花瓣的样子完成了。

是不是也有点像牙齿呢？

4. 重复做法1和做法2，做出5片花瓣。

5. 花瓣放入便当盒中，摆成花朵形状。

6. 刷子蘸上甜菜根汤汁，一点一点慢慢地刷在花瓣上，刷出渐变的颜色。

7. 准备好的配菜放入便当盒中。

也可以直接将甜菜根汁拌入米饭中染色，但这样就没有渐变色效果了。

8. 加入一些造型蔬果装饰即完成。

配菜

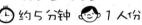

清炒竹笋
约5分钟　1人份

材料
竹笋70克

调味料
盐1/4小匙

做法
竹笋切片后下锅略炒，加水及盐焖煮至熟即成。

苹果炒甜椒
约3分钟　1人份

材料
苹果1/4个，彩椒40克

调味料
盐1/4小匙，酱油1/2小匙

做法
1. 彩椒切丁；苹果切丁（可先泡入盐水中备用，防止变色）。

2. 热锅，略拌炒彩椒后，下苹果丁，加盐和少许酱油，炒匀即可。

平时不能吃太多甜食，儿童节就破例来一些。饭团做出来的"糖果"，不容易引起肥胖和蛀牙，把握机会，放心大口地吃"糖果"吧！

材料

米饭

甜菜根汤汁

奶酪片

冰棒棍

烘焙纸

1. 米饭中拌入少许甜菜根汤汁。

2. 甜菜根饭分成两等份，捏成圆球。

3. 把甜菜根饭团压扁。

4. 另外准备少量米饭，当夹心饼干的内馅。

5. 将做法 4 中的饭团用保鲜膜包紧，然后压扁。

6. 用做法 3 中的甜菜根饭把做法 5 中的米饭内馅夹起来，再用保鲜膜稍微包紧避免散开，完成草莓饼干造型。

7. 接下来做棒棒糖。直接取适量米饭置于保鲜膜上。

8. 米饭用保鲜膜包紧，压扁成长条形。

9. 把做法 8 中的长条米饭捏成与奶酪片差不多的长度；奶酪片裁成像米饭条一样的形状。

10. 将奶酪片和饭条叠在一起。

11. 把米饭条和奶酪条慢慢卷起来。

12. 在糖果造型下面插入冰棒棍。

13. 用烘焙纸随意地在冰棒棍上打个结当作装饰。

14. 将做法 6 中完成的草莓饼干放入便当盒中。

15. 因为要露出棒棒糖的冰棒棍，所以需先装入配菜。

16. 最后将棒棒糖放上即完成。

Tips

若家里没有冰棒棍，也可以找类似物品替代，或是干脆不加也可以。

芥菜炒素肉丝

约3分钟　1人份

材料

腌芥菜 30 克，黑木耳 20 克，豆枝 10 克

调味料

盐 1/4 小匙，糖 1/4 小匙，香菇粉少许

做法

1. 腌芥菜切丝后泡水数分钟，去除盐分；黑木耳切丝；豆枝泡软后稍微挤干水分，备用。

2. 热锅炒芥菜，下黑木耳略为拌炒。

3. 放入豆枝，若太干就加点水，最后撒上盐、糖、香菇粉调味。

吐舌头的小幽灵在你的便当盒里飘浮，即使是小朋友不爱吃的蔬菜，只要融入整体造型中，带回家的便当盒也一定会是空的！

造型

材料

米饭

海苔

奶酪片

胡萝卜

小番茄

意大利面条

番茄酱

沙拉酱

1. 放凉的米饭用保鲜膜稍微包紧，捏成椭圆形，再捏出小尾巴。

2. 用剪刀在海苔上剪出眼睛、嘴巴、魔女帽。

3. 海苔魔女帽盖在奶酪片上，用牙签沿着帽子轮廓大致裁切，并多裁一条当帽子·褶痕用的奶酪。

4. 将魔女帽与奶酪褶痕组合起来。

5. 胡萝卜切片后用小工具压成舌头的形状，另外再多剪出一条舌头上用的细海苔片。

6. 把做法2中的海苔五官沾些沙拉酱贴于饭团上。

7. 做法5中的舌形胡萝卜和海苔也沾些沙拉酱贴在饭团上。

8. 把幽灵造型饭团摆在饭盒中，并调整好位置。

9. 准备好的配菜放入便当盒中。

10. 接着来制作背景小图。胡萝卜切片后，用小刀切成如图中的建筑外形。

11. 在海苔上剪出数个小正方形当窗户。

12. 利用小工具在奶酪片上压出 Halloween（万圣节）字样。

13. 用剪刀在海苔片上剪出足够容纳全部字母长度的文字框。

14. 英文字母依序放在海苔上。

15. 在海苔上剪出三角形眼睛与南瓜灯的嘴，沾少许沙拉酱贴在橘色小番茄上面，成为南瓜灯造型。

16. 建筑物贴上海苔窗户后放入饭盒中；做法 14 中的英文字母及做法 15 中的小番茄也放入饭盒中。

17. 小幽灵头上插入干燥或油炸过的意大利面条，好让魔女帽有个支撑点。

Tips

也可以用吸管在胡萝卜片上压出两片小圆片，当作幽灵的腮红。

18. 将做法 4 中的帽子放上去，点上番茄酱当腮红就完成了。

配菜

咖喱土豆
⏱ 约 5 分钟 👤 1 人份

材料
土豆 1/2 个，
水或高汤 50 克

调味料
咖喱粉 1 小匙，
盐 1/2 小匙

做法

1. 土豆削皮，切丁。

2. 热锅，放入土豆略炒，加咖喱粉拌炒均匀，再加入水或高汤煮几分钟，最后撒盐调味。

芝麻炒紫菜
⏱ 约 3 分钟 👤 1 人份

材料
紫菜 5 克，
白芝麻 1 小匙

调味料
酱油 1 小匙，
香油适量

做法

1. 紫菜用手撕碎或用剪刀剪碎，与酱油混合拌匀。

2. 热锅，倒入香油，放白芝麻炒香，接着关火，用锅中余温拌炒紫菜。

让欢乐的运动会更有趣。这可是吃了能让战斗力大增的加油便当哦！红白双色头巾分别代表不同的竞赛队伍，你也可以把头巾换成孩子所属队伍的颜色，让便当也一起帮忙加油打气！

造型

材料

米饭

酱油

海苔

奶酪片

胡萝卜

番茄酱

1. 米饭拌入酱油混合均匀，放在保鲜膜上。

2. 把酱油饭分成两等份，分别包上保鲜膜。

3. 将2份酱油饭都捏成圆球。

4. 在海苔上剪出人物的五官。

5. 比照饭团大小，剪下2片海苔当作头发。

6. 做法5中的2片海苔分别修剪成女孩发型与男孩短发。

7. 海苔发型分别包在2个饭团上，包上饭团时可剪几个缺口，让海苔更服帖。

8. 用保鲜膜包住海苔饭团，使其定型。

9. 拆开保鲜膜,将饭团放入
配菜杯中。

10. 将做法 4 中的海苔五官
贴在饭团上。

11. 胡萝卜切细条;在奶酪片
上裁出同样大小的细条。

12. 将胡萝卜细条和奶酪条
放在娃娃头上,当作加
油用的头巾。

13. 造型饭团放入便当盒中,
调整好位置。

14. 准备好的配菜放入便当
盒中。

15. 用蔬果填补便当空隙,
最后用少许番茄酱涂在
人物双颊和嘴巴里。

Tips

可以变换发型或五官,多做几个小人物组成啦啦队,帮运动员加油!

配菜

{ **毛豆炒笋丁** }
约7分钟　1人份

{ **茄汁蟹味菇** }
约3分钟　1人份

材料
毛豆 20 克，
竹笋 50 克，
木耳 20 克

调味料
盐 1/2 小匙

材料
蟹味菇 40 克

调味料
番茄酱 2 小匙，
盐 1/4 小匙，
糖 1/4 小匙

做法

1. 木耳切丁；竹笋切丁，蒸软；毛豆放入滚水中煮软。

2. 先炒木耳，再下笋丁与毛豆，加盐与适量水，小火焖煮 4 ~ 5 分钟即可。

做法

1. 蟹味菇去蒂头，撕成小片；调味料调匀成番茄酱汁。

2. 蟹味菇下锅炒香，加入番茄酱汁翻炒均匀。

中秋节 玉兔

关于中秋节的联想就是月饼、嫦娥和玉兔，要做成造型听起来似乎很麻烦，但只要把它做成平面图案就变得非常简单。做成剪影效果的玉兔捣杵利用海苔及奶酪片两种材料即可完成！

造型

材料

米饭

海苔

奶酪片

西蓝花

黄萝卜

意大利面条

1.取适量的米饭捏成圆球形。

2.准备一张能包住饭团一半以上面积的海苔片。

3.用海苔片把饭团包覆起来。

4.拆开保鲜膜，把饭团放在配菜杯里。

5.在烘焙纸上画出一个大圆，剪下来叠在奶酪片上。

6.沿着烘焙纸的轮廓，用牙签裁下奶酪圆片。

7.奶酪圆片盖在做法4中的海苔饭团上。

8.把小兔子捣杵的图案画在烘焙纸上。

175

9. 将烘焙纸上的小兔子捣杵图剪下来当模板，叠在海苔片上剪出一样的形状。

10. 夹起剪好造型的海苔片贴在奶酪片上。

11. 做法10中的饭团放进便当盒中。

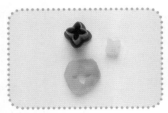

12. 将煮过的西蓝花茎切片，用压模压成小花。

13. 西蓝花茎小花用意大利面条衔接，插在煮过的西蓝花上固定。

14. 拿出已经切好的黄萝卜片，用星星压模压出形状。

15. 装入配菜，放上造型蔬菜即完成。

Tips

　　沿着纸模轮廓在海苔上剪图案时，若发现图片太小不好剪，建议对照图片，直接在海苔上剪会比较方便。

配菜

奶油煎萝卜

约10分钟　1人份

材料

白萝卜2片，

奶油10克

做法

1. 白萝卜切成厚1.5 ~
   2厘米的圆片；锅
   中加水烧热，放入
   白萝卜煮至软。

2. 热锅，放入奶油待
   其融化，加入白萝
   卜煎至微焦即可。

番茄炒卷心菜

约7分钟　2人份

材料

小番茄5个

（大番茄约1/2个），

卷心菜170克，姜适量

调味料

番茄酱2大匙，

盐1/2小匙，

糖1/4小匙

做法

1. 姜切末；番茄切块；
   卷心菜洗净，撕成小
   片。

2. 热锅，爆香姜末后，
   加番茄及番茄酱一起
   下锅炒。

3. 放进卷心菜，如果太
   干就在锅边淋些水，
   略炒后焖煮2 ~ 3分
   钟，加入盐、糖拌炒
   均匀。

元宵节汤圆

元宵节吃汤圆喽！就用最常见的红、白两色汤圆当代表，把米饭通通搓成圆球堆叠起来，搭配清爽的小黄瓜汤匙，准备开动啦！

材料

米饭

甜菜根汤汁

海苔

意大利面条

沙拉酱

小黄瓜

> 开始搓（捏）汤圆。

1. 直接取米饭捏出 2 个小圆球。

2. 甜菜根汤汁拌入米饭中，搅拌均匀染成红色。

3. 把甜菜根饭也捏出 2 个小圆球。

4. 红米饭团都放进配菜杯里，好方便移动位置。

5. 另外捏 1 颗圆形饭团（头部），2 颗椭圆饭团（耳朵）制作兔子造型汤圆。

6. 用意大利面把椭圆饭团（耳朵）衔接在圆形饭团上（头部）。

7. 2 个耳朵都接上，完成兔子造型。

8. 在海苔上剪出兔子的五官。

9. 海苔五官沾少许沙拉酱贴在脸部。

10. 把做法4中的汤圆放进便当盒中。

11. 做法9中的兔子饭团放在做法4中的汤圆上面。

12. 准备好的配菜装入便当盒中。

13. 小黄瓜竖着剖开，切成片，用压模压出汤匙形状。

14. 将黄瓜汤匙放进便当盒中当作装饰即完成。

Tips

汤圆数量依配菜杯和便当盒大小决定，我是下面放4颗，上面放1颗。

配菜

炒西芹
🕐 约3分钟 👧 1人份

胡萝卜炒豆皮
🕐 约3分钟 👧 1人份

材料
西芹 50 克，
姜 3 ~ 4 片，
辣椒 1/2 个

调味料
盐 1/4 小匙，
香菇粉适量

材料
胡萝卜 40 克，
豆皮 20 克

调味料
盐 1/4 小匙，
水淀粉少许

做法

1. 西芹刨去表面粗丝，直切成两半，再斜切成长菱形段；辣椒切圈；姜切片。

2. 西芹用滚水焯烫约 10 秒，捞起。

3. 热锅爆香姜片，下芹菜略炒后加入盐、香菇粉调味，最后放入配色用的辣椒，翻炒均匀即可。

做法

1. 胡萝卜切丝；豆皮用手撕成小块。

2. 热锅后放入胡萝卜及豆皮翻炒，撒盐调味，加水淀粉勾芡即成。

端午节龙舟

来个端午节必备、超应景的龙舟便当！所有配件拆解后会发现其实不难，但因为步骤比较多，所以多拍了几张照片，跟着图解一步步做，保证不失败，一次就成功！

造型

材料

米饭	奶酪片
海苔粉	黄彩椒
海苔	胡萝卜

1. 先把配件准备好。将煮过的胡萝卜切成斜片。

2. 将胡萝卜片边缘切成锯齿状。

3. 接下来制作龙舟划桨。先切出3根胡萝卜长片。

4. 裁切掉胡萝卜长片左右各一部分（如图）。

5. 重复做法4做出3根划桨。

6. 将煮熟的黄彩椒切成条状。

7. 黄椒条的其中半边留住中间，左右裁切掉。

8. 重复做法7完成2根龙角。

9. 米饭拌入适量海苔粉染成绿色。

10. 先取少量饭捏成椭圆形当头部。

11. 拿出剩余的海苔饭慢慢捏成长条状。

12. 把长条海苔饭的前端压扁，尾端捏细。

13. 将做法 12 中的海苔饭放入便当盒中比对大小，确认后拿掉保鲜膜装进去。

14. 放胡萝卜的地方会有些腾空，所以先铺入一些蔬菜。

15. 在已压扁的头部位置放上做法 2 中的胡萝卜片。

16. 放上做法 8 中的龙角。

17. 放上做法 10 中的海苔饭团。

18. 在奶酪片上用吸管压出圆形；在海苔上剪出眼珠跟鼻孔。

19. 把奶酪片贴在脸上。

20. 将眼珠贴在奶酪圆片上。

21. 贴上鼻孔。

22. 剪 10 根细长海苔当龙舟纹路。

对好位置才不会贴歪。

23. 先在身体中间贴上 2 条海苔。

24. 剩余的细海苔全部贴上。

25. 装入配菜，放上划桨，就完成啦。

Tips

龙舟鼻孔放不同位置会有不一样的感觉，建议先试好位置再贴上。（做法21）

配菜

味噌烤杏鲍菇
🕐 约10分钟　😊 1人份

材料
香菇 1 ~ 2 朵，
杏鲍菇 1 ~ 2 朵

调味料
味噌 1 大匙，
糖 1 小匙，
水 3 大匙

做法

1. 将味噌、糖、水混匀成烤酱汁，涂在香菇及用刀划了斜纹的杏鲍菇上。

2. 用烤箱以200℃烤10 ~ 15分钟。（小香菇烤5分钟。每台烤箱功率不同，时间与温度仅供参考。）

卷心菜炒豆皮
🕐 约3分钟　😊 1~2人份

材料
卷心菜 100 克，
豆皮 1 片

调味料
盐 1/4 小匙

做法

1. 卷心菜洗净剥小片；豆皮切小块，下锅炒至微焦黄。

2. 放卷心菜一起炒，加水焖煮后加盐调味。

端午节当然要应应景吃个粽子！把炒饭捏成立体三角形，贴上海苔蝴蝶结和五官就完成了健康又营养的"粽子"！喜欢吃粽子又怕消化不良的人，快来试试吧！

材料

炒饭

海苔

1. 取适量炒饭用保鲜膜包起来。

2. 双手并用，开始捏、捏、捏……

3. 把炒饭捏成金字塔的形状。

4. 饭团从上面看起来是立体的才正确。

5. 在海苔上剪出粽子的绑带造型；蝴蝶结可用将海苔对折、中间剪洞的方式完成。

6. 将绑带配件全部备齐（如图所示）。

加上表情更可爱。

7. 剪出 2 组海苔五官。

这样眼睛、嘴巴比较好对位置。

8. 先把绑带斜贴在饭团上，这样眼睛、嘴巴比较好对位置。

9. 把蝴蝶结贴在绑带上，眼睛跟嘴巴也贴上。

10. 重复做法 8 ～ 9，完成 2 颗粽子饭团。

11. 将粽子饭团装入大小刚好的饭盒中，再放上装饰就完成了！

Tips

　　这个便当不用另外加入配菜，只需将粽子饭团直接放入大小适中的便当盒里，就可直接带走。

配菜

 烤麸炒饭
🕐 约 5 分钟　😊 1 ～ 2 人份

材料
烤麸 2 块，玉米粒 30 克，胡萝卜 20 克，青豆仁 20 克，米饭 2 碗

调味料
素炸酱 2 小匙，盐少许

做法

1. 烤麸切小丁。

2. 热锅，放入胡萝卜跟青豆仁略炒，接着倒入玉米粒、烤麸、素炸酱翻炒。

3. 放入米饭炒散，撒上盐拌炒均匀即可。

圣诞小雪人

可爱的小雪人代替圣诞老公公陪你度过圣诞节！利用两颗圆饭团就能轻松完成雪人造型，再插入像雪人树枝手的炸过的意大利面条装饰，装入缤纷的蔬菜，热热闹闹的节庆氛围就这样满满地溢了出来。

材料

米饭

海苔

胡萝卜

黄萝卜

意大利面条

番茄酱

沙拉酱

1. 适量米饭分成两等份，捏成圆球。

2. 饭团放入配菜杯中，上下叠在一起。

3. 在海苔上剪出眼睛跟嘴巴。

4. 海苔五官沾少许沙拉酱贴在饭团上。

5. 胡萝卜切薄片后切成长条状当围巾；炸过的意大利面条折成两小段当树枝手。

6. 把面条插在雪人的手部位置。

7. 将胡萝卜条围在上下两颗饭团之间。

8. 在雪人脸颊上沾少许番茄酱当腮红。

9. 把雪人饭团放入便当盒内。

10. 绿色西蓝花放入便当盒内当作圣诞树装饰。

11. 加入蘑菇酱填补剩余的空间。

12. 利用压模在黄萝卜、胡萝卜及奶酪片上压出形状（如图）。

13. 做法 12 中的胡萝卜片、黄萝卜片和奶酪片放在西蓝花上就完成了。

配菜

蘑菇酱

 约 7 分钟 1 人份

材料

蘑菇 50 克，
奶油 10 克，
中筋面粉 2 小匙

调味料

番茄酱 1½ 大匙，盐 1/4 小匙，
欧芹适量，黑胡椒碎适量

做法

1. 蘑菇切片；热锅将奶油融化，放入蘑菇片煎 4 ~ 5 分钟。

2. 加入面粉、番茄酱和适量水拌匀，煮滚后撒上欧芹、盐和黑胡椒碎调味。

圣诞快乐（Merry Christmas）！为庆祝圣诞节，特地把圣诞老公公请来啦。有莲藕雪花片、还有小番茄帽子，这么缤纷的便当就是最棒的圣诞礼物！

造型

材料

米饭	西蓝花
酱油	胡萝卜
海苔	小番茄
奶酪片	造型叉
莲藕片	沙拉酱

1. 莲藕片切成雪花模样。

2. 莲藕入油锅中炸一下，沥油，盛出。

3. 米饭与少许酱油混合成皮肤色，并捏成圆球。

4. 另准备适量米饭，放在保鲜膜上。

5. 将米饭稍微包紧，捏成一大一小两个圆球，用来制作头发跟胡子。

6. 把做法 5 中的大饭团（胡子）和小饭团（头发）都压扁。

7. 在分量较少的饭团下方压出一个凹痕，完成头发。

8. 头发在上、胡子在下，覆盖于做法 3 中的饭团上。

9. 用保鲜膜包紧做法 8 中完成的饭团，稍微固定一会儿。

10. 拆开保鲜膜后，把造型饭团置于配菜杯中。

11. 在海苔上剪出眼睛和嘴巴。

12. 用模型在胡萝卜片上压出一片圆片当作鼻子。

13. 胡萝卜鼻子沾少许沙拉酱，贴在脸部中央。

14. 以鼻子为中心点，在其左右及下方贴上五官。

15. 小番茄对切并挖空。

16. 用造型叉或意大利面条，将半个小番茄插在头顶上当帽子。

17. 奶酪片裁成细长条。

18. 将做法 17 中的奶酪条围在番茄帽子边缘。

19. 把圣诞老公公造型装进便当盒中。

20. 配菜和西蓝花放入便当盒中。

21. 奶酪和胡萝卜切碎。

22. 奶酪碎和胡萝卜碎撒在西蓝花上当装饰。

23. 放上做法 2 中的莲藕片即完成。

Tips

- 若不喜欢油炸食物,莲藕片也可以不油炸,直接放入滚水中焯烫,捞出冷却即可食用。
- 圣诞老人的鼻子也可以利用大吸管,在胡萝卜片上压出。
- 饭团的黏性不够时,可在贴海苔五官时,沾些番茄酱或沙拉酱当作黏合剂,固定配件。
- 若担心小番茄帽子不够稳固,可以在后方插入面条加强固定。
- 做法 21 中的奶酪和胡萝卜也可替换成其他食材 (如小黄瓜)。

配菜

奶油炒豆芽

 约 5 分钟 1 人份

材料
绿豆芽 40 克,胡萝卜 20 克,奶油 5 克

调味料
黑胡椒碎少许

做法

1. 豆芽去头尾;胡萝卜切丝;热锅融化奶油,放入胡萝卜丝略炒。

2. 下豆芽,撒黑胡椒碎翻炒。

新年财神爷

说起节日就让人想到一年中最快乐的新年，把过年的快乐气氛带进便当里，让财神爷陪你一起吃饭！其实只要每天都过得开开心心，天天都是快乐节日！

造型

材料

米饭

海苔

奶酪片

红彩椒

青豆仁

沙拉酱

1. 取适量米饭捏成椭圆形当头部。

2. 再取少量米饭分成两等份，捏成圆球。

3. 将做法2中的饭团的中间压一个凹洞捏成耳朵造型。

4. 做法1中的椭圆饭团放入配菜杯中。

5. 彩椒去皮，切一小块出来当帽子用。

6. 将红彩椒包在财神爷头上。

7. 将奶酪片切成长条状，另外再准备一粒青豆仁。

8. 奶酪条、青豆仁沾少许沙拉酱粘贴于帽子上。

9. 剪出两小张方形海苔。

10.方形海苔叠在奶酪片上，用牙签沿着轮廓留边裁下来。

11. 把奶酪海苔片放在帽子两侧。

12. 做法3中的耳朵直接放在配菜杯边缘上。

13. 在海苔上剪出眼睛、眉毛跟胡须；彩椒或胡萝卜片切成三角形做成嘴巴。

14. 对好眉毛位置，先将眉毛贴在饭团上，再贴上眼睛。

15.先贴上嘴巴，再贴上胡子。

16. 将完成的财神爷放进便当盒里。

17.配菜装入便当盒中即完成。

Tips

· 帽子上的青豆仁可以替换成任何绿色食材。

· 若担心耳朵移位，也可以用干意大利面将耳朵衔接在财神爷脸部的左右两侧。

配菜

{ **红烧冬瓜** }
🕐 约10分钟 😊 1人份

{ 菜茎炒胡萝卜 }
🕐 约3分钟 😊 1人份

材料
冬瓜 100 克，
姜片 3 ~ 4 片

调味料
素蚝油 1 小匙

材料
西蓝花茎 30 克，
胡萝卜 20 克

调味料
盐适量

做法

1. 冬瓜用刀削去外皮，切块。

2. 热锅，姜片爆香，冬瓜入锅，加素蚝油炒出香味。

3. 加水，以小火焖煮 8 ~ 10 分钟。

做法

1. 西蓝花茎去除外皮，切斜片；胡萝卜切斜片。

2. 西蓝花茎、胡萝卜片放入锅中炒软，撒上盐调味。

Part 5.
有故事的简餐！

超人气儿童餐

爱泡澡的猫咪舒适地享受温泉；

童话世界里的河童探出头来看世界；

白海豚悠哉地徜徉在餐盘里……

看似简单的造型，

诉说着一段可爱的故事。

发挥创意，组合出一段吸引人的小故事吧！

兔子餐包

一起享用健康满满的早午餐吧！不但有面包主食、生菜沙拉、浓汤，还有可爱的兔子陪你共度欢乐的一餐，保证吃完活力满满。

造型

材料

免揉面包面团

海苔

沙拉酱

番茄酱

1. 手上沾些面粉，取适量面团捏出 1 颗大圆球、2 颗小椭圆球。

2. 沾少许水衔接头部与耳朵；烤箱预热后以 180℃烤 25 分钟。

3. 在海苔上剪出兔子五官。

Tips

· 每台烤箱功率不同，时间与温度仅供参考。
· 免揉面包的制作请参考 P.21。

4. 海苔五官沾少许沙拉酱贴在面包上；点上番茄酱腮红。

配菜

生菜沙拉

🕐 约5分钟　👦 1人份

材料

萝蔓生菜 40 克，
西蓝花 30 克，
紫甘蓝适量，
苹果 1/4 个，
玉米笋 2 支

沙拉酱汁

沙拉酱 20 克，
番茄酱 1/2 小匙，
砂糖 1/2 小匙，
水 1 小匙

做法

1. 萝蔓生菜切小段；苹果去籽后切丁；紫甘蓝切细丝；玉米笋切小段；西蓝花掰小朵；玉米笋和西蓝花用滚水焯烫，备用。

2. 以上食材倒入容器中，淋上拌匀的沙拉酱汁。

土豆浓汤

🕐 约10分钟　👦 1～2人份

材料

土豆 1/2 个，
牛奶或鲜奶油 100 克

调味料

盐 1/4 小匙，
黑胡椒碎少许，
欧芹叶少许

做法

1. 土豆去皮，切丁，用滚水煮软，取部分煮软的土豆，压成泥后放回锅中，锅中水量需盖过土豆。

2. 加入牛奶以小火慢煮（用鲜奶油会较浓稠），煮滚后加调味料拌匀，基础的土豆浓汤就完成了。（可依个人喜好由此延伸，做出其他口味。）

淘气吉娃娃

用刷上酱油的方式进行饭团染色，既快速又方便，鲜明的色彩加上立体轮廓真的特别可爱，喜欢小狗的朋友一定要挑战一次！

材料

米饭

海苔

酱油

意大利面条

沙拉酱

大圆球是头部、2个椭圆是手部、小圆球是鼻子、2个三角形是耳朵。

1. 米饭稍微放凉后，用保鲜膜包紧，分别捏出如图的形状。

2. 鼻子饭团捏扁后与头部饭团结合，再包上保鲜膜一起包紧固定。

3. 将做法 2 中的饭团拆开保鲜膜放进碗中，双手放下方，再用意大利面条在头顶上衔接上耳朵。

4. 刷子蘸适量酱油，如图片所示在耳朵及脸部染色。

5. 在海苔上剪出眼睛跟鼻子。

Tips

用刷子上色时，不要一下子蘸太多酱油，以免颜色过深或饭团过咸。

6. 海苔五官沾上少许沙拉酱后，贴在饭团上。

7. 装进配菜即完成。

配菜

味噌汤泡饭

🕐 约 5 分钟　😊 1～2 人份

材料

嫩豆腐 1/2 盒，海带 5 克，水或高汤 450 克

调味料

无盐味噌 2 大匙，酱油 1 小匙，糖 1 小匙

（若买的味噌有盐，就不需再加盐或酱油了）

做法

1. 豆腐切丁；锅中加水或高汤先煮滚，放入豆腐后再煮滚。

2. 拌入调味料。

3. 煮滚后放进海带，拌匀即可。

白考拉烩饭

这次亮相的是白色考拉！直接用香喷喷米饭捏造型，省下染色的时间，搭配营养又好吃的南瓜烩汁，再放上蔬果点缀让整份料理变得更缤纷。

材料

米饭

海苔

沙拉酱

1. 用米饭捏出 1 个圆球与 2 个小半圆（耳朵）。

2. 在海苔上剪出眼睛、嘴巴，还有大大的鼻子。

3. 组合好耳朵后，将鼻子海苔沾些沙拉酱，贴在饭团的中间。

4.海苔眼睛贴在鼻子左右两侧。

5.在鼻子正下方贴上嘴巴。

6.将白考拉置于盘中，倒入煮好的南瓜烩汁，用鲜艳的蔬菜装饰即可。

Tips

也可将米饭用芝麻粉染成考拉通常的灰色，再开始制作。

配菜

南瓜烩汁
约5分钟　1人份

材料

南瓜 100 克，大香菇 2 朵，牛奶 100 克

调味料

盐 1/2 小匙，香菇粉少许

做法

1.香菇撕小块（若使用的是干香菇，需事先用水泡软）；南瓜去瓢，连皮切丁后蒸熟，蒸熟的南瓜留 1/3 备用，另外的 2/3 与牛奶一起，用果汁机搅打成汁。

2.热锅，炒香香菇后加水煮一下，将搅打好的南瓜泥、备用南瓜块一同放进锅中，以小火边煮边搅拌，等烩汁煮滚，加入调味料拌匀即完成。

意大利酱小猫

躺着的猫咪造型饭团很适合
搭配烩汁，整个造型就像猫咪在
泡澡的模样，是不是很可爱？你
也可以搭配简餐式的配菜，让猫
咪露出全身，花些心思做些小变
化，处处都是惊喜哦！

造型

材料

米饭

海苔

沙拉酱

1. 将米饭包上保鲜膜，先捏成
   圆球，再从中间压凹洞，捏
   出耳朵；另外捏出2颗小椭
   圆当手部。

2. 身体先捏出大椭圆形，再
   用刀将下方切开，慢慢捏
   出脚的形状。

3. 海苔对折，剪出 2 个眼睛；嘴巴的空洞利用对折的方式剪出。

4. 把做法 1 和做法 2 中的身体配件放入碗中组合，海苔五官沾少许沙拉酱，贴在猫咪脸部上。

5. 盖上煮好的茄汁蔬菜意大利酱，加上蔬菜装饰，就完成了。

Tips 做法 4 的手部平放或做成上举的姿势都可以。

配菜

茄汁蔬菜意大利酱
🕐 约 5 分钟 👧 1~2 人份

材料

杏鲍菇 1 个，蘑菇 3 朵，青椒 30 克，大番茄 1/2 个

调味料

番茄糊 *3 大匙，盐适量，番茄酱 2 大匙

做法

1. 杏鲍菇、蘑菇切片；青椒切圈；番茄切小丁。

2. 杏鲍菇、蘑菇下锅干炒，接着加入青椒、番茄、盐。

3. 加番茄糊拌炒（若想将这道菜煮成意大利面，可在此时加入面条），接着将番茄酱和适量水加入拌匀即可。

*注：

番茄糊（Tomato Puree）是用番茄加工制成的糊状物，没有添加其他佐料，与经过调味做成的番茄酱不同。

  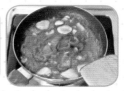

粉红小猪菇排饭

用甜菜根汤汁染出来的粉红小猪饭团，自己看了都好喜欢，搭配的香菇排放哪呢？想了好久，最后决定放头上。你也可以搭配其他配菜，露出小猪的整个头部，看起来也很可爱。

造型

材料

米饭

甜菜根汤汁

海苔

奶酪片

沙拉酱

1. 米饭与甜菜根汤汁混合，染成粉红色。

2. 用保鲜膜将甜菜根饭包起，捏成圆球。

3. 海苔对折剪出圆眼睛；奶酪片用牙签裁成 2 片三角形、1 片大圆形，中间再用小吸管压出 2 个洞当鼻孔。

4. 粉红米饭置于碗中央。

5. 做法 3 中的配件沾些沙拉酱，贴在米饭上。

6. 碗中装入蔬菜。

7. 最后在小猪上放上 2 片香菇排就完成了。

配菜

香菇排
约 7 分钟　1 人份

材料

大香菇 3 朵，地瓜粉 1½ 大匙，白芝麻适量

调味料

素蚝油 1 大匙

做法

1. 干香菇泡软后切碎，加入地瓜粉（可用淀粉代替）、适量水，拌匀；素蚝油加适量水调成酱汁。

2. 准备海苔片，抹上少许地瓜粉，将做法 1 中拌好的香菇面糊厚厚地铺上。

3. 热油锅，放入香菇排煎双面，煎至表面微焦后淋上酱汁，尽量让香菇排都能吸收到酱汁，继续煎至收汁，撒上白芝麻装饰。

乳牛咖喱饭

今天煮咖喱。这次土豆与胡萝卜也来凑热闹！煮好的蔬菜用压模压出花朵形状，轻放在浅浅的咖喱汤汁中，再放上乳牛造型饭团，振奋精神的一餐完成了！

造型

材料

米饭

海苔

奶酪片

意大利面条

乳牛的组成部分是大大的头部和2个耳朵。

1. 米饭捏出一大两小的3个球，将大饭团头顶稍微捏尖一点，当耳朵的小饭团顶端捏尖。

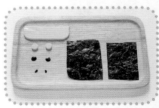

2. 准备两大片海苔，一片用在脸部、一片用来包覆耳朵；另外用剪刀与吸管，在奶酪片与海苔片上裁出鼻子与眼睛的配件。

3. 其中一个耳朵饭团包覆海苔片；脸部单边也包上海苔；海苔眼睛与圆形奶酪片组合，贴于饭团上；大片奶酪贴在饭团下方后，再贴上海苔鼻孔。

4. 耳朵用干燥或炸过的意大利面条衔接上。

5. 造型饭团置于盘中央，再将煮好的咖喱酱汁倒进去，最后摆上造型蔬菜装饰即完成。

配菜

咖喱酱汤

🕐 约10分钟 👶 1人份

材料

土豆 20 克，胡萝卜 15 克，青豆仁 15 克，色拉油 1 小匙，低筋面粉 1 小匙

调味料

咖喱粉 20 克，盐 1/4 小匙，水或高汤 200 克

做法

1. 准备好青豆仁；胡萝卜跟土豆用压模压出可爱的花朵造型；以上食材皆用滚水煮软，备用。

2. 热油，加入面粉炒匀，再加咖喱粉炒出香气（利用热油与面粉增加浓稠感）。

3. 接着加入盐、水或高汤，这时可先熄火，待搅拌均匀后再开火。

4. 将煮好的咖喱酱汤装盘，摆上做法 1 中的食材当装饰即成（也可将做法 1 中的食材加入做法 3 中一起煮好再装盘）。

小白狗烩饭

小动物最容易俘获人心，用米饭做出简单小狗造型，搭配现煮好的料理，创意与美味兼备。

造型

材料

米饭

海苔

沙拉酱

1. 米饭稍微包紧，先捏成圆润的方形，再将其中一边慢慢拉出 2 个小耳朵。

2. 如照片所示，在海苔上剪出耳朵、眼睛、鼻子及组成嘴巴的 2 个配件。

3. 做法 1 中的米饭团放在餐盘正中央；做法 2 中的海苔配件沾些沙拉酱，固定于饭团上。

4. 将做好的配菜淋在饭团周围即成。

配菜

鲜菇杂烩

🕐 约10分钟　👦 1～2人份

材料

大香菇 2 朵，玉米笋 2 条，胡萝卜 20 克，卷心菜 40 克，金针菇 20 克，干面筋 10 克

调味料

水或高汤 200 克，素蚝油 1 大匙，酱油 1½ 小匙，香菇粉少许，香油少许

水淀粉（淀粉∶水＝ 1∶3）少许

做法

1. 干面筋泡软；干香菇泡软，切丝；胡萝卜切丝；玉米笋切段；卷心菜剥小片。

2. 先将香菇炒香后捞起，备用；同锅炒玉米笋、胡萝卜及卷心菜，太干就加 1 ～ 2 大匙的水。

3. 放回香菇，再放入金针菇、干面筋，加素蚝油、酱油、香菇粉、水或高汤煮一下，最后加水淀粉勾芡，淋上香油即成。

欢乐河童餐

这一次河童不是出现在日本神话中，而是跑到餐盘里偷吃你的食物啦！把绿色蔬菜切成小三角形，放在他头顶周围给他吃吧。

造型

材料

米饭	青椒
海苔	番茄酱
奶酪片	沙拉酱

1. 保鲜膜包住适量米饭，捏成球状。

2. 海苔对折，剪出河童五官；奶酪片上裁出嘴巴宽度的椭圆形。

3. 青椒先切成块，再切成数个三角形当头发。

4. 将饭团放入盘中。

5. 2 个鼻孔对准饭团中心位置粘贴，再将其他配件贴上；青椒沾少许沙拉酱，绕头顶一圈粘贴，脸颊点上番茄酱当腮红。

6. 煮好的配菜装进餐盘中即完成。

 配菜

面筋烧紫茄

⏱ 约 5 分钟　👶 1 人份

材料

面筋 10 克，茄子 30 克，鲍鱼菇 30 克，辣椒 1 个，九层塔适量

调味料

蚝油 1 大匙，酱油 1 小匙，盐 1/4 小匙，水淀粉少许，香油少许

做法

1. 鲍鱼菇用手撕成条状；辣椒切段；茄子切滚刀块；水滚后加点盐焯烫茄子，捞起，备用。

2. 热锅，将鲍鱼菇炒过后加水煮滚。

3. 放入面筋、茄子和除香油外的调味料翻炒，最后加九层塔、辣椒、水淀粉，起锅前淋香油即完成。

企鹅番茄豆腐汤

一起动手让小企鹅出现在你家。在海苔中间剪掉一个"凹"字形，就能让企鹅一次成形，最后再放上玉米粒或其他方便取用的食材当嘴巴，超可爱的小企鹅就现身喽！

材料

米饭

海苔

玉米粒

番茄酱

沙拉酱

1. 取适量米饭放凉，置于保鲜膜上。

2. 米饭用保鲜膜包住，捏成圆球。

3. 准备能够包住半面饭团的海苔片。

4. 海苔对折，中间剪出类似心形的缺口当企鹅脸蛋。

5. 用做法3中的海苔包覆住饭团，再用保鲜膜包紧固定。

6. 在海苔上剪出眼睛；准备2颗玉米粒当作嘴巴。

7. 海苔眼睛及玉米粒嘴巴沾少许沙拉酱贴在企鹅脸上，最后在脸颊点上番茄酱腮红。

配菜

番茄油豆腐汤

约5分钟　　1人份

材料
小番茄80克，油豆腐4～5块，青江菜1棵

调味料
盐1/2小匙，香菇粉少许

做法

1. 小番茄对切（也可以使用大番茄代替，但需切成丁）；青江菜切段。

2. 起油锅，先放入番茄略炒，再下油豆腐，倒入水煮开。

3. 撒盐与香菇粉调味，试好味道后放入青江菜煮1～2分钟即可。

河马风味餐

你对河马的印象是……黑黑的外型、大大的嘴巴吗？今天就要颠覆你对河马的印象，做个可爱的迷你版河马！

材料

米饭	黑芝麻粉
海苔	意大利面条
沙拉酱	
番茄酱或胡萝卜	

不要一下加太多芝麻粉。

1. 黑芝麻粉倒入米饭中，边搅拌边调整颜色深浅。

最大的饭团是头部，中大小的是鼻子，最2个是耳朵。

2. 用保鲜膜包住芝麻饭，捏出河马的配件。

3. 鼻子饭团压扁。放在头部饭团下方，用保鲜膜包紧，让它稍微定型，避免一下子就散开。

4. 利用意大利面条，将耳朵衔接在头顶处。

5. 在海苔上剪出眼睛、鼻孔跟嘴巴。

6. 海苔五官沾少许沙拉酱，固定在饭团上。

7. 点上少许番茄酱，或压出 2 个胡萝卜圆片当腮红。

8. 在眼睛的中间沾一粒米饭，让表情更生动。

Tips

不一定利用黑芝麻粉做出肤色，也可以试着用其他颜色的米饭捏河马。

配菜

 炒烤麸
约 3 分钟　1～2 人份

材料
烤麸 2 块，胡萝卜 30 克，竹笋 60 克

调味料
素蚝油、盐各适量

做法

1. 竹笋切滚刀块；胡萝卜切长条；烤麸一块块切开，再切成粗条后，用热油炸约 2 分钟捞起，备用。

2. 热锅，先下胡萝卜炒，再加入竹笋跟烤麸拌炒。

3. 沿着锅边淋入素蚝油，加适量盐与水焖煮一下。

猩猩比萨

很多图案只要有两种颜色的食材就可以完成，这款猩猩造型就是如此。在开始动手前先找出喜欢的猩猩图案，照着图案创作出一只最酷炫的黑猩猩吧！

造型

造型

材料

海苔　　黄彩椒

奶酪片　青豆仁

番茄酱　沙拉酱

胡萝卜

剪出的头型要能容纳脸部及耳朵。

1. 在海苔上剪出猩猩五官及头型；用牙签在奶酪片上裁出脸部及2片耳朵。

2. 奶酪脸放海苔头型中间；耳朵沾些沙拉酱，贴在奶酪脸左右；贴上五官再点上番茄酱腮红。

3. 胡萝卜、黄彩椒用压模工具压出造型；备好青豆。

4. 将青豆、做法2中完成的大猩猩、做法3中的造型蔬菜，放在焗烤好的吐司比萨上。

Tips

若担心五官剪得不成功，可以找一张喜欢的图片看着剪，或是先把图案画在烘焙纸上，再将烘焙纸剪下来当样板，叠在海苔片上剪出形状。

配菜

吐司比萨
约15分钟　2人份

材料

吐司2片，乳酪丝适量，大番茄1/2个，青椒20克，蘑菇2朵，玉米粒30克

调味料

番茄酱或意大利面酱适量

做法

1. 番茄顶部划十字刀痕，放入滚水焯烫后泡冷水去皮；蘑菇切片（若没有立刻使用，可先泡盐水防止切口变黑）；青椒切菱形片。

2. 吐司切去边（也可不去）；将番茄酱或意大利面酱涂抹在厚片吐司上，放上食材、铺上乳酪丝（依个人喜好决定用量）。

3. 做法2中完成的吐司放进已预热好的烤箱，以180℃烤15分钟（每台烤箱功率不同，时间温度仅供参考）。

素肉燥头娃娃

完成后连自己都忍不住直呼"好可爱"！直接用素肉燥当头发的造型料理，餐盘一端出就非常抢镜，不仅喂饱了你的眼睛，也喂饱了你的胃！

材料

米饭

海苔

番茄酱

胡萝卜

素肉燥

1. 用保鲜膜包住米饭，捏出头部造型，再慢慢压扁调整形状；刘海部分做成锯齿状。

2. 取少量米饭并将其对分，捏成圆球后压扁，完成耳朵。

3. 在海苔上剪出眼睛眉毛及嘴巴。

4. 把做法1和做法2中的脸部和耳朵放入餐盘，耳朵贴在脸部左右两侧。

5. 将做法3中的海苔五官贴在饭上。

6. 素肉臊放在头顶；两颊点上番茄酱腮红；耳垂加上造型胡萝卜当耳环即成。

Tips

· 除了素肉臊外，只要是外型相似的食物如素肉松、弄碎的麻婆豆腐等食材，都可以完成这个造型。

· 贴海苔五官时，可先把嘴巴贴在脸部中间偏下面的位置，以方便确定眼睛和眉毛的位置。

配菜

素肉臊

 约15分钟 3~4人份

材料
豆轮20克，大香菇4朵，酱瓜25克

调味料
酱油2大匙，素蚝油1小匙，
白胡椒粉适量，五香粉1/4小匙

做法

1. 豆轮用水泡软后切碎；香菇去蒂头切碎；酱瓜切碎（腌过的酱瓜已经有咸味，需泡水数分钟后再料理）。

2. 热锅，先慢慢炒香香菇，再放入豆轮一起翻炒。

3. 加酱油、素蚝油、白胡椒粉炒匀。

4. 倒入水或高汤煮滚，放酱瓜，撒五香粉，以小火煮约10分钟。

小狗焗烤鲜蔬

用奶酪片完成的造型可放在各种餐点上，非常方便。只要利用海苔做出五官配件，奶酪片当基底营造立体感，就可以变化出杯子、苹果等多姿多彩的造型。试着用奶酪和海苔，完成专属于你的造型图案吧！

材料

奶酪片

海苔

番茄酱

胡萝卜

青豆仁

1. 烘焙纸上剪下的耳朵形纸模叠在对折的海苔上，沿着轮廓一次剪下2片耳朵。

2. 海苔耳朵叠在奶酪片上，用牙签或牙线棒尾端留边裁切下来。

3. 2个耳朵从奶酪片上小心取出。

226

4. 在海苔上剪下眼睛、鼻子、嘴巴；在奶酪片上裁一片小狗的头部出来；备齐所有配件。

5. 胡萝卜切薄片，用花朵压模做出造型，中间用吸管压一个洞，把青豆仁放在洞口上。

6. 先把一片耳朵放在中间偏右的位置，再叠上贴好五官的头部；放上另一片耳朵；沾少许番茄酱当腮红；把做法5中的装饰蔬菜放在焗烤料理上就完成了。

配菜

烤鲜蔬

约20分钟　1人份

材料

玉米粒 20 克，茄子 20 克，芦笋 5 根，小番茄 5 个，奶酪丝适量

调味料

基本白酱适量（做法可参考 P.20）

做法

1. 茄子洗净，切厚片；芦笋洗净，切小段；番茄洗净，切瓣（可以替换成任何自己喜欢的蔬菜）。

2. 茄子、芦笋、番茄、玉米粒放入碗中，拌入白酱。

3. 铺上厚厚一层奶酪丝，送进烤箱以 180℃烤约 20 分，中途看一下是否变色（每台烤箱功率不同，时间跟温度仅供参考）。

小鸡麻婆豆腐

煮了一锅据说是印尼人常吃的姜黄饭，黄澄澄的饭用来做小鸡造型刚刚好，吃在嘴里有股淡淡的香气，不但美味还很适合做各种黄色造型饭团。

材料

姜黄饭

胡萝卜

海苔

沙拉酱

1. 姜黄饭用保鲜膜包起来，先捏成圆球，再将其中一端捏出小尾巴。

2. 胡萝卜切薄片，用压模工具压出1片花朵造型、1片圆形。

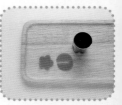

3. 将胡萝卜圆片对切。

4. 在海苔上剪出圆片。（可将海苔对折再剪，一次剪出2片圆片。）

5. 花朵萝卜片插在头顶当鸡冠，半圆片沾些沙拉酱贴在饭团中间当嘴巴，嘴巴左右贴上海苔片当眼睛。

6. 麻婆豆腐装在小鸡周围即完成。

配菜

麻婆豆腐

 约5分钟　1人份

材料

豆腐1盒，豆轮2块，
青豆仁20克，水或高汤200克，
花椒粒1大匙，姜5～6片

调味料

豆瓣酱1大匙，酱油1小匙，水淀粉、糖、香油各少许

做法

1. 豆腐切丁，用热盐水烫2～3分钟让豆腐不容易破，捞起，沥干水。

2. 豆轮用水泡软后切碎；姜切末。

3. 热锅，爆香花椒粒，待花椒粒变黑后取出，剩下的油继续做下一步。

4. 放入姜末，再下青豆仁与豆轮炒约2分钟，加入豆瓣酱继续炒香。

5. 锅中倒入水，煮滚后放豆腐，烹调过程中以锅铲轻推、锅子轻轻摇晃（避免太用力而让豆腐破掉），稍微煮一下。

6. 加入糖和酱油，盖上盖子煮2～3分钟，最后淋上水淀粉勾芡，滴一点香油。

卡通中才会出现的粉红小绵羊，走到你的餐盘里了！利用番茄酱或甜菜根汤汁染出粉红色配饰，再将它与米饭做搭配就完成了超萌的小绵羊。

材料

米饭

甜菜根汤汁

海苔

沙拉酱

1. 甜菜根汤汁慢慢倒进米饭中，混合出粉红色米饭。

2. 用保鲜膜包紧甜菜根饭，捏成一个圆球。

3. 把做法 2 中的甜菜根饭团捏成长条形压扁，完成小羊的粉红毛发。

4. 取适量米饭用保鲜膜包起来捏成圆球，当作小羊头部。

5. 将做法 3 中的粉色毛发覆盖在做法 4 中的头顶上。

6. 用保鲜膜包紧，固定好。

7. 准备少许米饭并分成 2份，将其捏成扁形水滴状，做成耳朵。

8. 将做法 7 中的耳朵贴在小羊头顶上。

9. 在海苔上剪出小羊五官。

10. 海苔五官沾些沙拉酱，贴在脸上。

11. 造型饭团放进碗中。

12. 装入炒好的配菜即完成。

Tips

若担心绵羊的耳朵移位，可以利用沙拉酱或番茄酱加强固定。

配菜

西蓝花炒杏鲍菇

约3分钟　1人份

材料

西蓝花 40 克，杏鲍菇 1 个，红彩椒 20 克

调味料

盐少许，酱油 1/2 小匙

做法

1. 杏鲍菇切厚片；红彩椒切丁；西蓝花用滚水烫熟。

2. 热锅，先煎杏鲍菇，再加入红彩椒、西蓝花一起拌炒，最后用酱油和盐调味。

白海豚轻食餐

今天的造型餐点是可爱的水中动物——海豚，用米饭做成海豚身体及鱼鳍，前鳍不用黏上，直接放在餐盘上更方便。巧手捏一捏、摆一摆，栩栩如生的海豚现身啦！

材料

米饭

海苔

番茄酱

沙拉酱

1. 取适量米饭，稍微放凉后用保鲜膜包起。

2. 用保鲜膜包紧米饭，捏成椭圆形。

3. 饭团尾部捏小，拉出一小部分尾鳍。

4. 慢慢把饭团尾部捏成海豚尾鳍的 V 字型。

5. 头部稍微捏尖，捏出一小块当嘴巴。

6. 背部捏尖，慢慢捏出背鳍的模样。

7. 开始制作前鳍。取少量米饭对分成两等份，先捏成圆球，再把小圆球捏成尖尖的三角形。

8. 做法 7 中的前鳍放在身体旁边比对大小，确定好大小，先放着备用。

9. 在海苔上剪出眼睛跟嘴巴。

10. 海苔沾些沙拉酱，贴在饭团上；做法7中的前鳍靠在海豚身体两侧。

11. 完成的海豚放进餐盘中，点上番茄酱腮红就完成了。

配菜

水果沙拉
🕐 约2分钟　😊 1人份

材料
苹果适量，
芒果适量

调味料
沙拉酱适量

做法

1. 将苹果、芒果切成丁。

2. 水果丁放入容器中，淋上沙拉酱，搅拌均匀即完成。

甜豆炒蟹味菇
🕐 约3分钟　😊 1人份

材料
蟹味菇40克，
甜豆40克

调味料
XO酱1小匙

做法

1. 热锅，先将甜豆放入锅中炒。

2. 放入蟹味菇和XO酱拌炒均匀。

Part 6.

女孩最爱的甜美礼物！

造型小点心

不需要复杂的材料及步骤，

就可以做出超可爱的小熊、熊猫，

以假乱真的冰淇淋、小盆栽。

挽起袖子来，

试着做出最温暖的小点心，

传递最热情的心意。

奶油涂鸦小饼干

大家喜欢吃酥酥脆脆的小饼干吗？这次介绍的饼干材料非常简单，只要三种材料就可以完成，而且不吃鸡蛋的人也能享用！料理用不完的面粉，或是不小心买太多的砂糖，用在烘焙上就能快速消耗啦，还能满足爱甜点的胃。

🕙 约10分钟　　😀 约40片

材料

低筋面粉	200 克	砂糖	50 克
无盐奶油	140 克	巧克力	适量

1. 将冷藏的奶油恢复至室温，切成块后与白砂糖混合均匀。

2. 加入过筛的面粉搅拌成面团。

3. 若天气热可用保鲜膜包起，放入冰箱冷藏一会儿比较容易制作。

4. 取出面团将其擀扁，再用模型压出各种形状。

5. 将饼干坯放入预热好的烤箱中，以170℃烤约10分钟。

6. 巧克力切碎，隔水加热融化，放入专用笔或小塑料袋内。

7. 在饼干上随意画出可爱图案。

8. 等温度降低时巧克力会自己凝固，可爱的涂鸦小饼干就完成了。

Tips

· 饼干成品的数量视厚度及大小而定。

· 若天气较冷，可于前一晚就将奶油拿出来回温。

· 每台烤箱功率不同，时间与温度仅供参考。

· 如果有现成的巧克力笔，就可以省略做法6。

· 不加巧克力，直接品尝饼干也一样好吃哦！

冰淇淋蛋糕

夏天到了,吃冰淇淋消暑气。这回介绍的冰淇淋在冬天吃也没问题,因为它其实是蛋糕!记得刚完成这份甜点时家人看了说:"一大早就在吃冰淇淋。"哈!不注意看或许真的会搞错哦!

⏱ 约30分钟　👧 约5支

材料

无蛋蛋糕粉	40 克
低筋面粉	100 克
可可粉	10 克
牛奶或水	180 克
砂糖	70 克
泡打粉	2 克
甜筒杯	5 个
白巧克力块	适量

1. 盆中放入蛋糕粉和糖,加入水搅拌至糖溶解。

2. 低筋面粉、泡打粉过筛,加入做法1中的蛋糕粉,搅拌均匀即成原味面糊。

3. 加入少许可可粉，让面糊变成巧克力色。

4. 甜筒杯内放入烘焙纸，倒入搅拌均匀的面糊（需超过甜筒杯的高度）。

5. 甜筒杯放架上，送进预热过的烤箱以180℃烤约30分钟（若甜筒杯为平底则直接放入烤盘）。

6. 烤好后放凉，取下烘焙纸，再把蛋糕放回甜筒杯中。（蛋糕表面可抹些融化的巧克力，让它稍微固定在甜筒杯里。）

7. 隔水加热融化切碎的白巧克力。

8. 待白巧克力融化后用汤匙慢慢将白巧克力淋在蛋糕表面。（可另外准备巧克力笔做出冰淇淋融化的感觉。）

Tips

· 砂糖可以换成糖粉，口感会更细致。
· 冰淇淋架可在五金店或模型店购买，如果买不到架子，也可以将甜筒放进马克杯中再置入烤箱，或自行用铁丝制作。
· 每台烤箱功率不同，时间与温度仅供参考。
· 这个配方因为没加蛋，口感较扎实，吃起来的味道和一般蛋糕不同。
· 为了搭配裹上的巧克力酱，蛋糕本身甜度已稍微降低。
· 若没有蛋糕粉，就直接用低筋面粉吧。
· 成品数量视甜筒杯大小而定。

9. 最后撒上巧克力米等装饰即完成。

熊猫汤圆

搓汤圆就像在捏黏土一样，很好玩。如果把它做成动物造型，不但让吃的人惊喜，自己也非常有成就感！想变换颜色只要加入其他天然食材，像是地瓜、红曲、抹茶粉……染色就好，发挥自己的创意来玩玩看。

⏱ 约20分钟　😊 8～9颗

材料

糯米粉…………100克

水………………80克

竹碳粉……………少许

黑糖块……………适量

揉至像耳垂捏起来的软硬度，若太黏就再加粉，太干就加水。

1. 糯米粉加水混合均匀，一边加水的同时一边调整糯米团的软硬度。

2. 揉成团后取一小块出来。

3. 做法 2 中取出的小块糯米团加入竹碳粉揉均匀。

4. 把原色糯米团搓成数颗小圆球，喜欢弹牙的口感就搓大一点。

5. 混合竹炭粉的黑色糯米团捏出三种不同大小的圆球，由大到小分别为耳朵、眼睛、鼻子。

6. 把眼睛压扁成椭圆形，再将其中一端稍微捏尖，让它有熊猫眼的效果。

7. 把耳朵、眼睛、鼻子组合在汤圆上。粘贴时可沾些水略微压紧，让它固定。

最后就是把汤圆煮熟。

8. 用现成黑糖块当汤底，待糖水煮滚了再下汤圆，汤圆浮起就差不多能捞起来了。

Tips

· 糯米粉也可以替换成白玉粉。
· 竹碳粉不用加太多，只需加一点点就能让颜色变得很深。
· 视汤圆大小斟酌煮的时间，也别煮太久以免五官分离哦。

小太阳盆栽布丁

之前做过一次盆栽点心，当时搭配的是蛋糕，这次改用鲜奶布丁。为了让点心有不同外观，另一份布丁上画了太阳图案，与盆栽相呼应。虽然没使用奶油但美味度不减，而且热量还更低了！

⏱ 约10分钟　👧 1～2份

材料

吉利丁粉 ………… 5克

牛奶 ……………… 200克

砂糖 ……………… 30克

巧克力块 ………… 适量

巧克力饼干 ……… 适量

1. 吉利丁粉与砂糖混合，倒进已装入牛奶的锅中一起加热。

2. 边搅拌边让砂糖完全溶解，煮至冒小泡泡但未沸腾的程度即可熄火。

3. 趁热将混合液分装在容器中，放约10分钟使其冷却，再放入冰箱冷藏。

4. 将巧克力切碎，隔水加热融化，填入专用笔或放入塑料袋内再剪出一缺口。

5. 在已定型的布丁上画出一个圆圈。

6. 圆圈周围画上锯齿状。

7. 最后在圆里面画上五官，就完成太阳图案了！

8. 接着制作盆栽布丁。将巧克力饼干放入塑料袋，用擀面杖压碎。

9. 把巧克力饼干碎均匀地铺在布丁上。

10. 放上薄荷叶装饰，就完成盆栽布丁了。

Tips

· 做好的点心我用浅容器装成了2份，若用杯子或碗就是1份。

· 让布丁凝固的吉利丁粉和吉利丁不一样，吉利丁粉能更快速地凝固布丁。

蛋糕甜甜圈

这种甜甜圈的制作过程非常轻松简单，而且对健康无负担，它所含热量比油炸的还低，多吃几个也不用太担心！正在控制体重或追求健康的人可以试试。

🕐 约20分钟　😊 约8个

材料

低筋面粉…………200 克

泡打粉………………5 克

砂糖…………………70 克

牛奶…………………200 克

无盐奶油…………30 克

黑、白巧克力各适量

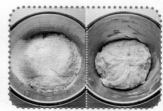

1. 奶油隔水加热融化，与砂糖混合均匀。

2. 一边搅拌一边慢慢加入牛奶，再加入过筛的粉类，搅拌均匀。

趁热拿一个吃吃看吧！

3. 面糊放入裱花袋，挤入烤模里；把烤模放入预热好的烤箱内，以180℃烤20分钟。

4. 烤好后会呈现如图的颜色。

5. 把黑巧克力用隔水加热的方式融化。

画得好坏不重要，开心涂鸦就好。

6. 趁热将巧克力裹在甜甜圈上。

7. 以隔水加热的方式融化白巧克力，填入专用笔或剪洞的小塑料袋中。

8. 在已凝固的甜甜圈上挤上白巧克力，随意画出图案来。

9. 完成！等巧克力凝固就可以享用了。

Tips

· 没有裱花袋也可以将面糊放入塑料袋中，剪出一个洞口使用。

· 每台烤箱功率不同，时间与温度仅供参考。

· 你也可以用淋酱的方式为甜甜圈淋上巧克力，或直接在上面涂鸦，做出与众不同的甜甜圈，再把甜甜圈包装起来，就成了最有诚意的可爱小礼物哦！

· 甜甜圈的烤模有很多种，也有单个小烤模，要注意的是此配方湿软，不适合用压印的那种甜甜圈模。

无蛋小熊松饼

最近发现将面糊放在瓶中做造型好方便，感觉就像使用笔一样流畅，你也快来试试，保证让你第一次挤面糊就上手！

⏱ 约10分钟　😊 约40片

材料

低筋面粉	200克	牛奶	200克
泡打粉	2克	无盐奶油	30克
砂糖	40克	可可粉	2小匙

1. 盆中放入过筛的面粉、泡打粉及砂糖。

2. 将牛奶倒入盆内，搅拌均匀。

3. 奶油隔水加热融化后也倒进盆内。

4. 所有材料在盆内充分搅拌均匀。

5. 取少量做法 4 中的面糊放入另一盆中，加入适量可可粉。

6. 搅拌均匀后放入巧克力笔中（或放入剪出洞口的塑料袋中使用）。

7. 把做法 4 中的面糊装入瓶子里操作。

用小火煎以免煎煳。

8. 先在热锅上挤出可可色面糊，画出可爱的小熊五官，然后用原味面糊画出轮廓（若温度太高可先熄火）。

9. 用面糊填满所有空隙，等待小气泡冒出，翻面煎至熟即成。

Tips

· 此配方中少了蛋，所以煎出来的松饼是淡淡的鹅黄色，和一般常见的松饼不一样，反正只要可爱就足够啦！

· 松饼吃起来软软甜甜，若想另外挤上鲜奶油或巧克力酱，砂糖分量可再调低些。

索引

黑色食材

粉类食材